对于此书的更多赞扬

"这是令人推崇的对于自然奇迹的赞颂，值得把它看作是另一个地理经度坐标。"

——出版消息（*Publishing News*）

"橡树在人类历史中已经留下令人惊异的悠久痕迹，人们终于认识到这一点。罗干这本关于橡树的著作真正是引人入胜的故事，而且，以一种奇特的方式，令人感到羞愧。"

——约翰·贝伦特（John Berendt），
《善与恶花园的午夜》（*Midnight in the Garden of Good and Evil*）作者

"《橡树：文明的框架》具有广泛的吸引力，范围跨越历史、造船业、工程、林学、人类学。然而，对于我们中的那些仍然用巨大的树枝悬挂在屋顶上的人来说，它更是一个令人欣慰的故事。"

——林·N·杜克（Lynn N. Duke），《奥兰多前哨报》（*Orlando Sentinel*）

"这是一部充满睿智、嘲讽、谦逊、精心写作和学识渊博的实际推广者讲述的文化历史：橡树……对于那些以为通晓有关树木一切的人和那些从不反复思考树木的人来说，橡树都是一样的。甚至，任何人都不会以同样的方式注视和反复思考橡树。"

——谢帕德·柯里奇三世（Shepard Krech III），
《生态印第安人》（*The Ecological Indian*）作者

"罗干的基本成就……让我们领会到一个树木的中心家族，是如何参与和成为人类的全部活动和成就的。"

——马克·库克（Mark Cocker），《科学》（*Science*）

"罗干几乎是以会话的方式，带着对其主题丝毫不加掩饰的热情，讲述橡树的特征，对于适应性很强和价值不可估量的资源，描绘出综合有趣的历史。"

——卡罗尔·哈格斯（Carol Haggas），《推荐书目》（*Booklist*）

"在所有类别中，本年度中最有吸引力和最有思想的图书之一，罗干令人信服地展示了橡树如何定型我们是谁，我们如何走出了这条路。"

——帕特丽夏·乔纳斯（Patricia Jonas），
《植物与花园新闻》（*Plants & Garden News*）

"一个热爱他所写作的主题的人。罗干以鲜明清晰的准确性和热情洋溢的细节描述，追溯人类通过橡树进化的道路，反之，人类又是通过多才多艺和热情好客的橡树塑造成形。到你读完这本引人入胜的书的时候，你一定确信，我们是从树上下来的。达尔文说，我们的远古祖先从树上爬下来，开始在地面上直立行走。罗干写道，为了满足各种需求，我们近期的祖先开始利用橡树的每一部分，从居所到鞋子，从尊崇到战争，从填满肚子到辨识星星。"

——斯科特·拉塞尔·桑德斯（Scott Russell Sanders），
《寻求希望和精神的力量》（*Hunting for Hope and The Force of Spirit*）作者

"橡树可以教我们许多事情……罗干以其自己的方式，正在重现已经消失了的知识，在末尾，他对于树木本身的激情使本书卓著非凡。"

——安东·尼多尔（Anthony Doerr），《波士顿环球报》（*Boston Globe*）

"我不做护封简介，但是我多年未见过如此一本书，如果我写的话，我特别想为橡树这本书写推介。这是一个树木爱好者的心愿。"

——安德鲁·A·鲁尼（Andrew A. Rooney）

"获得认证的树艺师和自然文学作家罗干赋予高大橡树的故事以文学的声音。并把这个奇妙的历史，用讲故事的口吻讲出来。"

——黛布拉·普林津（Debra Prinzing），《西雅图邮报》（*Seattle Post - Intelligencer*）

"写作风格是以个人方式和故事为基础，雄辩地令人着迷地详细讲述，同时充满信息和洞见。"

——德雷尔（G. D. Dreyer），抉择（*Choice*）

"讲述了丰富的令人赞赏的橡树传说。"

——奥利安（*Orion*）

"一个令人愉快和富有启迪的橡树故事。"

——《出版商周刊》（*Publishers Weekly*）

橡 树
文明的框架

Oak: The Frame of Civilization

[美] 威廉·布莱恩特·罗干（William Bryant Logan）　著

王嚣然　刘建锋　译

中国林业出版社

著作权合同登记号：01-2023-3031
审图号：GS 京（2023）1624 号

图书在版编目（CIP）数据

橡树：文明的框架/（美）威廉·布莱恩特·罗干著；王豁然，刘建锋译 . —北京：
中国林业出版社，2023.9
书名原文：OAK：The Frame of Civilization
ISBN 978-7-5219-2274-5

Ⅰ . ①橡… Ⅱ . ①威… ②王… ③刘… Ⅲ . ①栎属 – 普及读物 Ⅳ . ①S792. 18-49

中国国家版本馆 CIP 数据核字（2023）第 136900 号

责任编辑：张　健
封面设计：天元石

出版发行：中国林业出版社（100009，北京市西城区刘海胡同 7 号，电话 010-83143621）
电子邮箱：cfphzbs@163. com
网　　址：www. forestry. gov. cn/lycb. html
印　　刷：河北京平诚乾印刷有限公司
版　　次：2023 年 9 月第 1 版
印　　次：2023 年 9 月第 1 版第 1 次
开　　本：710mm×1000mm　1/16
印　　张：12. 5
字　　数：210 千字
定　　价：60. 00 元

写给比尔（Bear）和娜拉（Nora）

天地蛮荒并不令人遗憾……

——詹姆斯（William James）

天地万物并非我们所见，而是我们从中所见。

——安德森（Edgar Anderson）致杰克逊（Brinckerhoff Jackson）

译　序

在 2020 年那段特殊的日子里，深居简出，在浏览互联网时，偶然间发现《Oak：The Frame of Civilization》这本书。美国媒体评介和读者读后感，唤起我极大的专业好奇心和浓厚的阅读兴趣。在读过两章之后，愈发感到，这样一本难得见到的好书，应该让更多的人能够读到，特别是那些受语言限制的人群。于是，我开始边读边译。在作者罗干（William Bryant Logan）的引导下，追逐橡树，我在精神世界里遨游，做了一次穿越时空的旅行。

橡树，也叫栎树，英语称之为 OAK。栎树是山毛榉科（Fagaceae）栎属（Quercus L.）树种的统称，落叶或常绿乔木，稀为灌木。那么，如何界定栎树的范畴？通俗地说，凡是能够结出橡实（acorn）的树木都是栎树。罗干在本书中说，"它的坚果不是由带刺的外壳来保护，而是张开的，光滑的，只是有一个小帽子（cupule），将其与树干连接在一起"。这就是橡树，即所谓真正的栎树或橡树（the true OAKs）。

本书作者罗干是美国自然文学作家和获得资格认证的资深树艺师（arborist）。在最近 30 年中，他一直从事有关树木研究和树木艺术写作，是许多园林杂志的特约编辑，还是纽约时报的定期园林专栏作家。罗干曾获美国园林作家协会的许多奖项，包括纽约州国际树艺学会 2012 年资深学者奖和专业树艺师奖。此外，他还获得了美国国家人文基金会奖，并且翻译发表了许多西班牙语著作。

在书的开头，罗干请教康奈尔大学尼克松教授（Kevin Nixon），一位研究橡树起源的古植物学家和栎树分类学的权威学者。接下来，罗干在谈到橡树物种多样性时说，"如果，你向任何两位橡树分类学家发出疑问，橡树有多少种，你将挑起一场争端，因为他们从来都不一致。有些人认为 450 种，另一些人说 250 种，大多数人可能会说两者之间的任何一个数目。"

瑞典植物学家林奈（Carolus Linnaeus）于 1753 年建立了栎属（Quercus L.），当时只包括自然分布于欧洲和美国的 14 种栎树。200 多年以来，植物学家不断发现和描述新的栎属树种。2017 年，瑞典国家自然博物馆邓柯

（T, Denk）和包括我国上海辰山植物园邓敏在内的 6 位植物学家，报道了最新的栎树分类学研究成果。栎树主要分布于北美东部（60 种）、墨西哥和中美洲高海拔地区（150～200 种）、从中东到中国和东南亚（150 种）、美国西部（25 种）和欧洲大陆与北非（8～12 种），南美洲仅在哥伦比亚有 1 种。这些栎树在自然景观中随处可见，构成了全球重要的可再生资源，是自然和文化遗产的重要组成部分，自史前时期以来为人类提供食物和住所等多种用途。

罗干生长在美国西部，生活在东部，对北美和欧洲的橡树做过大量的野外观察，在书中描绘了橡树的形态特征、物候变化和演化策略。"所有真正的橡树，或者属于白栎组，或者属于红栎组。白栎组比较古老，橡实在一个季节受精和成熟；叶子光滑，尖端有裂片。红栎组树种叶片尖端有刺，橡实两季成熟；第 1 年早春时节，花粉粒乘风到达雌花的微小柱头；每个花粉粒向下钻进深藏里面的 6 个胚珠中的一个；但是在第一个秋天到来时，花粉粒中途停顿下来；下一个春天，天一变暖，成功钻进的花粉粒立刻进入它的胚珠，于是，橡子开始逐渐发育成熟。"

法国蒙彼利埃大学（Université de Montpellier）学者从基因组学观点出发，阐释了在北半球人类社会历史、艺术与宗教中橡树的象征意义。罗干在书中写道，人们崇尚橡树长寿，橡树的生命长达数百年乃至千年以上。读者会惊叹他在书中列举的世界上许多的古老橡树，联想与这些老橡树相联系的历史故事和赞赏他所收藏的老橡树绘画等艺术品。诸如英国温莎大公园遗存的橡树种植于 1588 年，是英格兰第一片橡树人工林的组成部分，当这些树种植下的时候，莎士比亚还是个年轻人。"老橡树的声望是如此之高，当它倒下的时候，人们常常会对其哀悼。"美国康涅狄格州的宪章橡树（The Charter oak）在 1856 年倒下的时候，人们曾经为其举行正式哀悼会。罗干收藏一幅 19 世纪的木刻，考索普大橡树（Cowthorpe oak），是当时在英格兰存活下来的最大的橡树。诗人约翰·德赖登（John Dryden）这样赞颂橡树，"300 年生长，300 年生活，300 年死亡。"

本书尤其可以满足那些特殊的阅读兴趣，思考生物学与人文历史问题，探索人类与自然和谐共存的伦理观念。罗干指出，自然界中的生物和谐共处，共同演化，橡树和松鸦就是最好的例子。橡树演化大约始于 6500 万年前，橡树和松鸦就像一对夫妻。本质上说，橡树驯化了松鸦，反过来看，松鸦驯化了橡树，具体地展示了行为生态学和生物伦理学。"人科动物的存在至少有 200 万年左右了，人类从高山到平原，逐橡而居，橡树塑造人类成形。人类文明，从其发端之初就与橡树的演化纠缠在一起。但是，他们只是在开始学习利用橡树的时候，人科动物才成为人类。"从科学、实践到哲学和精神各个层面，罗干都使读者对人属（*Humo*）和栎属（*Quercus*）之间的联系感到惊异。这一点，如同以色列历史学家赫拉利在《人类简史》一书中所说，"人类以为自己驯化了植物，但其实是植物驯化了智人。"

我们在阅读中进一步认识到，6000多年以前人已经是林学家了，经营和利用橡树。橡树自身成为有助于人种成为人类的最基本的工艺材料。罗干认为，在英国多处可见的用橡树构建的亨吉斯（henges），这些魔幻迷宫似的环形历史建筑是思维的丰碑。这些形状暗示深奥的探索，代表人种动物在人类化过程中的里程碑。

罗干在书中做了许多思想深邃的评论。人类当遇到他们所重视、崇拜和尊敬的事物时，则表现出克制。珍视来自理解，理解来自亲密接触。在橡树时代，人类每天必须克服物质材料的匮乏。记忆、推断和技能编织成橡树世界。人们理解、重视和推崇亲密陪伴自己和藉以维持生计的树木。人类的文明历史，充满了对橡树的崇敬和膜拜。罗干在书中充满激情地赞美橡树，橡树具有生物多样性和广泛的环境适应性，坚韧顽强，慷慨大度。他说，橡树象征坚强、品行良好和坚定可靠。在英国，用具有"橡树的心"来表达坚强和忠诚。"对于希腊人来说，橡树是宙斯的树；对于罗马人来说，橡树是朱庇特的树。对于挪威人，橡树是托尔（北欧神话中的雷神）的树；对于凯尔特人，橡树是达哥达的树；对犹太人来说，橡树是上帝之树。"公元前8世纪希腊诗人赫西奥德（Hesiod）赞美橡树慷慨大度，称颂橡树赋予三种果实：橡子、蜂蜜和球瘿，而其他树木只能结出一种果实。在美国林务局近期发表的一篇研究报告中，引用了罗干的这本书，并称橡树为"生命之树"（the "tree of life"）。

罗干站在挪威峡湾的荒原，产生无限遐想，如果没有橡树，无论是维京人还是后来的现代欧洲的海洋国家，都不可能横越大海或环绕全球。建造这些橡木船，其重要性如同创造雅典的第一个伟大建筑，特别需要丰富的想象力。这是一种传统的发端，它改变了北方世界，开创了无边的航行，到19世纪时，把全球的人联合起来成为一个互相交流的文明共同体。无论这些造船人是谁，是工匠手艺人还是知识分子，对于北方世界来说，其重要性如同希腊和罗马的创造者。罗干进一步评论道，知识分子的知识不是抽象的，知识分子是把思考投入行动的人。

本书是如此的引人入胜，当你读完的时候，你一定会确信，我们是从森林中走出来的。达尔文说，我们的远古祖先从树上爬下来，开始在地面上直立行走。罗干写道，我们的近期祖先为了满足各种生存需求，学会利用橡树的每一部分。从平民居住的普通房屋到宏伟的威斯敏斯特大教堂，从尊崇迷幻的亨吉斯圆圈到跨越大海的战舰，都是用橡树的木材制造的；旧大陆人驾驶橡木船跨越海洋，到达新大陆，认识到地球是一个整体；人类采集赖以生存的橡实，使用橡树酿造芳香醉人的美酒；达芬奇的精美绘画和巴赫乐曲的五线谱，都是用永不褪色的橡树墨水写成的。人类的文明历史，充满了对橡树的崇敬和膜拜。这是一本最有吸引力和最有思想的书，作为获奖的专业树艺师和自然文学作家，罗干令人信服地展示了橡树如何定型我们是谁，我们如何走出了这条路，使我们意识到，橡树存在于我们整个历史和现实世界之中。在本书最后一章，罗干将橡树与举世闻名的巴黎埃菲尔铁塔做了很有意思的比较。于全书的结尾作者向读者设问，"假如必须效仿一个，这个或那个，你选择哪一个，橡树还是埃菲尔铁塔？"

在本书写作过程中，罗干在欧美许多国家博物馆和图书馆查阅大量历史文献和藏品。在书中旁征博引，汇聚树木学、林学、考古学、人类学、英国文学、古希腊神话和工程建筑以及海军发展史等许多学科的历史文献和浩繁资料，以鲜明清晰的准确性和热情洋溢的细节描述，追溯人类文明形成的道路。本书的翻译，强烈地激发我们思考生物学与人文历史问题和探索人类与自然和谐共存伦理观念的兴趣。为了保持原著的科学性和准确性，便于读者查阅文献，对书中的栎属树种都注有拉丁学名，历史人物和重要历史文献都注以英文原名。书中有些词汇在词典和文献中查阅不到，译者只好新拟，诸如橡食文化（balanoculture）、树艺师（arborist）和杆匠（stemsmith）等。鉴于本书的学术性，书末保留原著参考文献，以便读者进一步扩展阅读。

1992年，我与江泽平博士随同吴中伦院士去甘肃小陇山林业局考察，吴老对我们说，"中国栎类遗传资源丰富，是森林生态系统的重要组成部分，但是在森林经营中却将栎树归作杂木林，应该加强栎类树种的资源培育与利用研究。"当时，我是吴老的学术助手，江泽平是吴老指导的中国林业科学研究院第一个博士研究生，其研究题目是麻栎和栓皮栎的地理变异。遵照吴老的安排，江泽平毕业后与我一道做外来树种引种驯化研究，当时，我是研究室主任。江泽平天资聪颖，勤奋好学，森林植物学、森林生态学和森林地理学的理论基础都很扎实。我们两人的属相都是马，他常戏谑地说，他是小马，我是老马。老骥尚伏枥，小马却行空。天妒英才，呜呼哀哉！

我做过一项原国家林业局的研究课题，"北美栎类树种基因资源与栽培技术的引进"，从1997年开始，陆续引种15种北美栎类，又去美国做了栎树遗传资源与生态学考察。后来，被中国栎树产业协会誉为"中国栎树引种第一人"，并于2017年，为我颁发了栎树产业发展突出贡献奖。江泽平作为项目负责人，于2018年开始执行中国林业科学研究院基金项目"栎类资源培育与利用关键技术研究"。我对他说，"《橡树——文明的框架》这本书很有价值，我们把它翻译过来。"泽平壮志未酬，幸有刘建锋博士接力而上，协助出版此书。

此书作为中国林业科学研究院基金项目输出成果的组成部分，与读者见面，并谨此告慰吴中伦先生和江泽平博士！

写于珠海唐家湾

2023年3月23日

目　录

致　　谢

我既不是植物学家，也不是历史学家。如果没有许多慷慨大度的人和橡树界学者的帮助，本书是不可能问世的。

首先，我要感谢康奈尔大学凯文·尼克松（Kevin Nixon）教授，他洞悉本书聚焦于橡树的"伟大性"至关重要。我还深切地感激奥利·克鲁姆林－柏特森（Ole Crumlin－Petersen）和他那些在丹麦罗斯吉尔德市维京舰博物馆的同事们，同样感谢挪威奥斯陆的维京舰博物馆的安妮－艾米尔·克里斯蒂森（Arne－Emil Christensen）。

对于"以橡实为主食"一节所得到的帮助，我尤其感谢莎拉·马森（Sarah R. Mason），其橡实作为人类食物的专题论文，为我的研究提供一个思路。同样地，我还要感谢戴维·白银布里奇（David Bainbridge），迄今为止，他是我所知道的唯一引用橡食文化（balanoculture）这个单词的人，他关于吃橡实的学位论文促成我的文章定型。苏伦·欧森（Suellen Ocean）慷慨大度，不惜花费时间和各种佐料，帮助我学会使用橡实为我自己做菜。加利福尼亚州霍普兰德镇的德菲娜·马提尼兹（Delfina Martinez）欢迎一个完全陌生的人，回答我许许多多有关她的童年问题。

我在英格兰的研究出乎意料的完美，得到了布莱恩·罗比（Brian Roby）的帮助，他是赫里福德郡菲尔顿旅馆主人，他送我去乡下寻找树木、木材框架的房子和他认识的手艺人。林学家史蒂夫·波特（Steve Potter）告诉我，温莎大厅新屋顶木料所取自的森林。卡普思公司的马克·希克斯（Mark Hicks）与我全面地讨论了他们的项目工作和木材建筑。他走过储木场，评论每一件木材的使用和质量。赫里福德郡的约翰·格林（John Green）到我这儿来，以其自己公司产品为例，告诉我木材框架的加工过程，还有细木工匠朱利安·蒙科雷（Julian Monkley），向我展示他自己建好的木材框架房屋。

其他手艺人，同样慷慨乐助，不吝时间和知识。麦克·格雷森（Mike Greason）是个从事咨询的林学家，穿过积雪覆盖的树林到我这里来，评价橡树，向我解释如何通过外部观察认识木料的内部。戴维·普罗尔科斯（David

Prouly）是住在斯特布里奇村的资深制桶工匠，向我展示制桶步骤和搞到适用木材所需要的仔细判断。

德怀特·德米尔特（Dwight Demilt）是美国宪法号军舰的责任木工，不吝花费时间，提供专业知识。他带领我一步一步地从船的顶层走到底层，边走边详细讲解。宪法号舰博物馆的图书馆员凯特·列昂-瓦尔科（Kate Lennon-Walker）给予巨大帮助，查阅参考文献，不仅仅限于船舰本身，还涉猎航海或与航海舰船相关的所有文献。

树木生理学家克劳斯·马赛克（Klaus Mattheck）对于我也很重要，不仅在树木生活方式方面是老师，而且还在于他关于利用树木结构作为更好的工业模型的超前想法。

如此之多的人帮助本书成形。我还感谢已经故去的芮·谭纳（Ray Tanner）和鲍勃·蓝星（Bob Lansing）对于他们成长的城镇和树林所做的描述和评论。拉比（Labbi）和匡布伦斯夫人（Mrs. Kornbluth）教导我，虔诚地尊重自然。

还非常感谢韦恩·卡西里（Wayne Cahilly）和戴维·沙松（David Sasson），他们仔细认真地阅读了我的手稿。

没有约翰·巴斯托夫（John Barstow）就不会有这本书，是他要求我写，尽管一再推迟，他也没有失去兴致，没有责任编辑阿兰·马森（Alane Mason）和她的助理亚历山德拉·巴斯塔格力（Alessandra Bastagli），也不会有这本书。阿兰一直坚持这本书应该尽善尽美，并不倦地予以支持。

我还深切地感谢我的夫人娜拉（Nora H. Logan），她画的精美插图是本书的重要组成部分。她和我们的孩子们山姆（Sam）、杰克（Jake）和伊莉莎（Eliza）不厌其烦地忍耐，他们的爸爸一次又一次地消失在树林之中。最后，我还深切地感谢城市树艺师学会的人，特别是费尔南多（Fernando），10多年来，他一直在树林里陪伴我，不离左右。

在世界的中部

IN THE MIDDLE OF THE WORLD

树木是地球上最高、体积最大和寿命最长的生物。然而，橡树并不具备这些记录。橡树并不是最高的树木。这一荣誉属于加利福尼亚州北部的红杉树，高达 368 英尺①，轻而易举地达到最高橡树的 2 倍。橡树也不是身躯最庞大的树木。如果你愿意的话，这项荣誉归于国王谷国家公园（King's Canyon National Park）内的红杉——谢尔曼将军树（the General Sherman Sequoia），其体重约 2,000 吨。如果你从遗传学角度思考，这项记录也许会被犹他州的一片无性系山杨林所取代，覆盖面积大于 106 英亩②。橡树不是最老的树木。长寿松保持这项记录，令人惊奇地超过 4,867 岁。橡树不是最坚硬结实的树木，黑檀、柚木和许多其他热带木材在张力、压力和剪切力作用下具有更大的强度。还有，橡树远远算不上速生树木。在马来西亚有一种合欢树，每天高生长可以超过 1 英寸，而橡树，如果幸运的话，一年高生长可以达到 1 英尺③。任何一种老的槭树、松树、杨树或者桉树，都可以轻而易举地超过橡树。

那么，橡树有何特别之处呢？

我请教过凯文·尼克松（Kevin Nixon），他是康奈尔大学研究橡树起源的古植物学家。

"没有任何特别之处，"他说，随后便停下了。

---

① 1 英尺 ≈ 0.30 米。

② 1 英亩 ≈ 0.40 公顷。

③ 1 英寸 = 2.54 厘米。

"但是，橡树令人印象深刻之处在于，你从马萨诸塞州走到墨西哥城，你会发现，同一个属的树种，也就是栎属（*Quercus*）的多种橡树，占据优势，几乎没有其他属的树种如此普遍的见之于这两个地方。"

"噢，那是为什么？"我问道，确信橡树至少保持某项世界纪录。

"不为什么。"他淡然地回答。

加利福尼亚白栎（*Quercus hindsii*）〔罗干（W B Logan）收藏〕

幸好，我们是通过电话交谈，他看不见我尽量避免气急败坏而变得通红的双颊。一阵尴尬的沉默。

"这就像分隔儿的鹦鹉螺，"最后，他继续说道，"鹦鹉螺属（*Nautilus*）曾经是分化的，但是后来过度特化，直到它只能以一种特殊的方式生活在特定的生境。"

"请继续。"我说道。他发现了我的兴趣。

"但是，橡树从来没有过度特化，"他继续说道，"橡树从来没有找到一个生态位。橡树如此成功，确实没有令其使然的原因。对于一种生物的成功，只有一种原因的时候，才会出现有限分布。"

这里展示的是一种出人意料的诱人想法。持久性、普遍性、多样性和适应性都有其自身价值。橡树的与众不同之处，在于它的坚持性和灵活性。这种树木给予帮助，反过来又接受帮助。橡树特化于不发生特化。

而且，的确如此，那些冠军树是生态位占领者：巨大的红杉树只能在温暖海岸的凉爽浓雾带生存。古老的长寿松只生长在高山之巅，那里害虫生存时间之短暂，不足以危害松树。黑檀则需要很高的热量，大量的水分和几乎不变的气温，使其长出坚硬结实、具有韧性和经久耐用的木材。无性系山杨仅生长在高海拔暴露的贫瘠立地，避开其他树种竞争，才能存活和拓展。这些创纪录的树木，没有一种遍布世界中部的整个温带地区，这是常识。

名称和形状

NAMES AND FORMS

我走在曾经是农田的树林里。我离开石灰岩山上的停车场，停车场在哈德逊河谷上方1,000英尺的地方，我快速走进一片枝干茂密的树林。这里大部分树木很小。有先锋树种水青冈，通过根蘖向外扩展而形成上千株小树，没有一株大树；有各种北美铁木的强韧幼树；大叶的美洲椴，叶子上有各类喜光的昆虫；有糖槭，下层是红槭和斑纹槭，幼树的绿色树干带有白色条纹，活像刚直挺立的草蛇；唐棣，也叫甜浆果，春天，地面冰雪初融，将枯死的老枝埋入地下，这时候开始出现新果；19世纪大规模采伐所幸存下来的铁杉，勉强地生存在其他树木的庇荫之下，一年时间或许能够长高1/16英寸，只能期待日后的变化；20世纪30年代平民保育团种植在区组里的云杉，现在参差不齐地站在墓地的树林里。在阳光最好的山脊线上，耸立着北方红栎（*Quercus rubra*），枝条扭转朝向光线，根系难以想象地交织在一起，寻找出路，向下穿透峭壁和岩石缝隙，树皮上满布着各种苔藓。

森林中最大的树木是橡树。在我可以搂抱的高度，最大的树干直径或许有24英寸。为了开辟农田，所有其他树木都被砍伐，只有橡树留下来，作为边界的标志。芮·谭纳（Ray Tanner）一位20世纪在此地长大的居民，认为他老年时光的世界正在倒退。他记得，在他的孩提时期，树木长在镇里，山丘上全都种满牧草、玉米或小麦。"那时，你可以看到周围的一切，"他说道，"并不显得如此狭窄拥挤。"如果你想采摘山核桃或者奶油核桃，你必须知道应该沿着哪一行树去寻找。当冬天来临时，人们把四轮马车放置一边，架起雪橇外出。孩子们在镇里的糖槭树和榆树下面，沿着大街滑雪奔跑。

荷兰榆病使榆树死光了。在汽车到来时，镇子开始往道路上撒盐融冰，于是，盐杀死了糖槭。仍然有少数几株存活下来，鹿头状枝杈，已经腐朽的圆柱树干，几乎每株糖槭树都从第一分枝和第二分枝之间等分劈裂。我从来不在这些树下停车。当我看见有车停在那里，有时我就想象，那株树正好可以报复那个恣意放肆的杀死它的世纪。

农场一个接一个地破产了。鲍勃·蓝星（Bob Lansing）曾经是靠本地人维系生计的商贩，他和芮曾在彼此的婚礼上互作傧相。他记得刚开始工作时，在山丘的乡间有几十个客户。到了 20 世纪 70 年代初，还有 18 个。到 20 世纪 70 年代末，就只剩下一个了。随着农场的萧条，在 20 世纪初期一个过程开始了，树林进来了。在世界上这个地方，没有未翻耕的田野长期成为旷野。一个好的林学家，通过观察疏林地上的不同年龄的树木，可以描述这个地区的农业历史。

一些土地的主人，采伐林分中的阔叶树，获得丰厚的利润。事实上，纽约州能够成为世界上阔叶材的主要来源之一，完全得益于这些从前的农田。不然的话，这些树林毫无用处，或者说，只为大自然所用。

通过燃烧化石燃料，人类向大气输送越来越多的二氧化碳，但是，根据科学家的计算，CO_2 实际上应该还要更多。那么，其余的都到哪里去了？许多人认为，这些二氧化碳进入了不断更新的林地，空气中对我们可能有害的二氧化碳，实际上变成了固体，即长链的碳分子，包括蛋白质和氨基酸，都包含在树木之中。

还有，一般人看到这些树林，心里会想，"我可以在这里清除一块地方盖房子。"或者"假如我建花园，哪些树木应该保留，哪些应该伐除，以便获得充足的光照？"或者"我们应该翻挖 10 英亩，将亚表层土压实，然后建个购物中心。"他们考虑的主要问题是处置这些树木的花费，但很少有人会想到，树木曾经是部族或国家财富的很大的组成部分。

自从最后一次冰川退却，人类开始造屋定居，存在着两个版本的世界：木材做成的世界和煤炭与石油做成的世界。一个持续 1.2 万 ~ 1.5 万年，另一个到目前只持续了大约 250 年。

这所有的一切，都说明人类是由木材或者通过木材来界定和确立的：房屋和城镇，马车和犁杖，船舰和衬衣，邮局和舞场，笔和窗，浴盆和酒桶，葡萄酒瓶和高脚杯，神鬼的境界和生育与死亡的象征。煤炭和石油的世界，只是适应或模仿，仅此而已。这些后来的燃料，的确，没有表现出新的道德标准。它们只是古老的树干、枝叶和树根，埋藏久远，提炼出来，是人类出现之前木质世界的遗存。

在世界大部分温带地区，橡树是原始的，是森林中有头衔的老资格树木。在梵文中，橡树的名字和树木的名字是相同的，都是 *duir*。没有其他树木比橡树对于人类更有用途。正是橡树，教会人类林学。橡木的组成使其木材最容易劈开和成形。正在干燥的原木，显现出内部的环形纹络，沿着纹理很容易劈开。你可以制作任何宽度和厚度的模板或横梁，只是受限于树木的大小。橡树本身具有用石斧成型的灵活性和可靠性。一旦到了铜铁工具出现的时代，橡树便成为重要的战略材料。

为了发现造就我们的世界，看看它给我们留下了什么：一半儿用木材修建的房屋；用橡树虫瘿的墨汁画成的达芬奇的绘画；与死者一起埋没的维京时期的橡木战舰；铜器时代长长的橡树独木棺椁；古代的形形色色的酒桶和管子，葡萄酒瓶塞和松露；可能是最早的三千万年前遗留下来的橡树叶子化石；植物学家称之为"花粉雨"的分层的化石；500 多年生的活着的老橡树，那些一万年前海平面上升时被淹没在下面的庞大的橡树躯干，那些树木的树干在 90 英尺高处都没有枝杈。

但是，让我们开始看看史前时期古代器物的名称。

我们每天接触到的人名和地名的含义，包含着对于塑造我们古代先人生活的各种木材的记忆。许多家庭的姓氏直接取自森林：伍兹（Woods）、艾德伍兹（Atwoods）和佛列斯特（Forests）；他们的法国表亲，诸如博伊斯（Bois）、杜波依斯（Dubois）和杜博斯（Dubos）；在意大利和西班牙军团中的博斯克斯（Boscos）、戴尔博斯克斯（delBoscos）和布斯克斯（Buscos），又如德国人的瓦尔兹（Walds）、威尔第斯（Wildes）、瓦尔德保姆（Waldbaums）和霍尔兹（Holsts）。有些人的姓氏是森林中的地名：布莱德雷（Bradleys）是开阔的林中空地；布兰德（Brants）、布瑞安特（Bryants）、卜兰东（Brandons）和布兰朵（Brandos）的含义都是用火清理的地方；萧（Shaws）是灌木丛，杜赫斯特（Dewhursts）是有树的山丘，布林特伍兹（Brentwoods）是火烧过的树林；格列福斯（Greves）是稠密灌丛，韩雷（Henleys）是采伐乔林，瑞兹（Reeds）和瑞德斯（Ryders）都是采伐空地；卡特汉姆（Charthams）是森林住宅；维纶兹（Waylunds）和伦兹（Lunds）是神圣的树林；希尔韦斯特（Sylvesters）是疏林地；卡西斯（Chases）是围场；莽哥鲁夫（Mangroves）是公共林地的一部分。还有一些姓氏源于森林类型：斯皮尼（Spineys）是多刺的树林；比尔塞特（Birchetts）是桦树林，卡尔（Carrs）是赤杨林，特乐（Tellers）是为国王保留的大橡树，卡皮纳特（Carpinatos）是鹅耳枥林，郝灵思沃斯（Hollingsworths）是冬青林，哈斯勒（Hassles）是榛子林，郝松（Hawthorns）和哈哥多斯（Hagedorns）是多刺灌丛，哈斯特（Hesters）是青冈林，喀什（Cashes）是橡树林。

更普遍的姓氏衍生于人们在森林中所做过的事。所有男人和女人，凡是名字叫约翰逊（Johnson）、鲁滨逊（Robinson），还有霍布森（Hobson）、多布森（Dobson）、艾佛森（Everson），都是因为没人知道谁是他们的父亲。仲夏之夜，人们进入树林狂欢，肆意交合，这是中世纪的风俗。没人认为这是不正当的，但是这样交合出生的儿童，名字会叫作约翰逊，即圣约翰之子，因为仲夏节是圣约翰节；鲁滨逊是罗宾（Robin Goodfellow）之子，他的别名是哈勃（Hob）、杜比（Dobbie）；伊芙森（Everson）是夏娃之子。

假如外星人能够发现，远离地球的未来的殖民地上的人类比所记载的更少的话，假如他们能够重新构建这些姓氏和名字的初始含义的话，他们就能够理解人们过去是如何生活的。这是一个木材和树木在其中扮演主角的历史。在思想和制造之间，一个世界诞生了，于是人科动物开始成为人类。

福斯特斯（Fosters）、佛列斯特斯（Foresters）、伍德瓦兹（Woodwards）、瓦兹（Wards）和黑瓦兹（Haywards）分配以特定方式利用树木的权利。郝格斯（Hoggs）让他们的猪吃落在地上的橡子。科博思（Cobbs）截断树木梢头，保留树高 8～15 英尺，使动物啃食不到萌发新芽。休斯（Hughes）和斐乐斯（Fellers）伐倒整株树木。克里佛（Cleaver）、克劳福斯（Clovers）和科里芬格思（Clevengers）劈裂木材；萨维尔斯（Sawyers）和皮特曼斯（Pitmans）在锯木头。然后，其他人也都去工作。巴克斯（Barkers）收获含有单宁的树皮，谭纳（Tanners）用来鞣制皮革。库博（Coopers）、胡博（Hoopers）、比克（Beckers）和本德（Benders）利用这些原料制作酒桶板。威尔怀兹（Wheelwrights）和阿克塞尔罗兹（Axelrods）把木材弯曲，制作车轮辐条和轮缘，将大块木条整形制作车轴。卡朋特（Carpenters）、特纳（Turners）和伍德莱特（Woodrights）建起了半木结构的房屋，割裂木头做成地板，制作托梁，旋切制作家具，把木材刨平做成橱柜。宝特怀特（Boatwrights）制作模型龙骨，并将其紧紧地固定在侧面板上。克鲁斯（Crews）制作细窄的木条围堰，用来捕鱼，这时，卡西斯（Cases）做好了时装箱子。克里尔斯（Colliers）、克列曼斯（Colemans）和卡特邦尼斯（Chartbonnes）减少浪费，将剩余的碎木料，做成木炭，这样史密斯（Smiths）、法布弗勒斯（Fabvres）、李伟不勒斯（Levebres）和高福斯（Goughs）可以锻造铁器，派恩斯（Paines）能够制作玻璃器皿。普洛夫怀特（Ploughwrights）和考尔特斯（Coulters）一起研究横梁成形，以便制作牵引犁杖。

西斯廷大教堂的屋顶装饰图案中的橡子

〔米开朗基罗，斯卡拉《艺术资源》（Scala/Art Resource），纽约〕

在上面列举的从木材衍生出的名字中，其长度无一超过那些衍生自橡树的名字。所有包含如下词根的名字都来源于橡树，诸如 *ac*、*ecb*、*ag*、*og*、*bick*、*beck*、*eiche*、*chene*、*cas*、*daru*、*dru* 和 *rove*。这些姓氏——艾克曼斯（Aikmans）、艾肯格林（Eichengreens）、艾科恩（Eichorns）、阿克顿（Actons）、阿克罗伊德（Akbars）、奥克汉姆（Oakhams）、沃金汉姆（Wokinghams）、奥克雷（Oakleys）、恩西纳斯（del Encinas）、德拉罗维雷斯（della Roveres）、钱尼（Chaneys）、喀什（Cashes），全部都是来源于橡树。在所有西方语言中，从梵语到凯尔特语，橡树是应用最广泛的树木名字，从印度次大陆到爱尔兰最北面。历史上释迦牟尼佛（*Shakyamuni*）的名字，其含义是"橡树，人民的智者"。

一个显赫的意大利家族，乔万尼·德拉·罗维勒（the Della Rovere）（橡树家族）产生了教皇尤利乌斯二世（Pope Julius Ⅱ），他是米开朗基罗的赞助者和爱好者。为了彰显赞助者的荣耀，这位艺术家用了许多男性裸体（*ignudi*）形象装饰西斯廷大教堂的屋顶，每个裸体男人都斜靠在一簇超大的橡实上。橡实和人物形象的阴茎很相似。

名字，名字，还是名字。我还可以继续大量增添名字。还有很多。但是，我现在处于古代舰船发掘者的位置，有时候，他们只是发现一个桨架，却不得不用来推断船舷上缘，或者发现一段龙骨，只好用来推断船首，或者发现一只耳环而用来推断那个人。

当我开始动手写这本书的时候，首先做的一件事就是找到一张橡树世界分布图。我让办公室里正在帮我做事的年轻人，去寻找一张这样的地图。他说可能很难找到。当他终于把地图复印件放到我的面前时，我竟有了怀疑。很明显，那是一张联系东西方世界的历史文明的路线图。他必须大幅缩小原始地图，才能得到复印件。我眯起了眼睛。这个小比例尺的世界橡树分布图呈现眼前。我揉一揉双眼。图上的说明看起来仍然一样。

这张地图清楚地表明，橡树的地理分布区与亚洲、欧洲和北美洲的人居文明地点有着共同边界。这也许有点仓促，设想橡树是这些文明的前提，但是很有意思的是，想一想，从北京到东京，从克什米尔到耶路撒冷，从伊斯坦布尔到莫斯科，从直布罗陀到奥斯陆，从纽约到奇钦·伊查，从墨西哥城到西雅图，现在的或者曾经存在的塑造现代世界的那些城市和文化，现在或者曾经都有过橡树。

起初，我设想人们携带橡树，但是，实际上并非如此。在数百万年之前，最早的人类尚未到达，橡树就已经演化。而且，人们走到已经有了橡树的地方，并且停留在那里。在橡树和人类之间存在一些惺惺相惜之处。我们都喜欢同样的东西，我们都具有类似的长处，而且我们都很有限地散播我们喜欢的东西。无论我们走到哪里，橡树都会处于我们日常生活的中心。我们创造了依赖橡树果实和木材的整个生存方式，并且以橡树作为象征，橡树也创造了我们。

世界橡树地理分布区 [根据娜拉（Nora H. Logan）绘图改绘]

■ 橡树分布区

橡食文化

BALANOCULTURE

什么是水果？什么是坚果？甜食？零食？

不久前，匡布伦斯一家，一对住在布鲁克林区年轻的东正教犹太夫妇，请我过去，用我树艺师的专业能力看看他们的梨树。

"我们想知道这株树是否能够结果。"匡布伦斯太太在电话里说。

我问她为什么觉得这棵树可能不会结果。她说最近有一位树木专家看过这株树，告诉他们树上满是锯蚁，濒死，应该马上伐掉。不，他告诉他们，树木将永远不会再结果。

"情况很糟，"我回答道，"那为什么不按照树木专家的建议把树伐掉，为什么给我打电话？"

"我们想听听其他意见，"她说，"你知道，根据我们的律法，你不能把还能结果的树伐掉。"

我们交谈了很长时间，匡布伦斯太太和我。她提问了许多问题。她想知道，我是否能够肯定地告诉她，这株树再也不会结果。我可以预见，一株树的3/4已经死掉，其树根腐朽，树梢全部枯萎，它只能存活很短时间。我说，只要这株树还活着，我会告诉你一个恰如其分的可能性，但是我没有百分之百的把握，也许只有上帝能够做到。这很重要，她向我解释，因为他们打算在这所新购买的房子旁边再搭建一间。如果这株树还能结果，他们就不能进行。她问我，我告诉她咨询费。她说，她要向丈夫和他们的拉比讲，回头再来找我。她又一次挂了电话。我猜想是哪一种文化，会对一棵果树表现出如此超出常理的尊重，原因何在。

次日，她打电话说在树下安排一次会议，与她和她的丈夫。我提前 20 分钟到达，在其房子后面转悠。我有些紧张，预感到这是一次困难的见面。我想先一步到达树下，避免身后有紧张的观察者。

我张大嘴巴。我没有看见一株爬满蚂蚁、树根腐朽的快要死掉的梨树。我看见的是生长旺盛的梨树，尽管挤压在墙角，主枝还是向上盖过屋顶。树上缀满肥大的花芽，时值一月，而且几乎在每个生长枝条的先端，朝下的一面茎上都有一个横向的疤痕，表明那里曾经坐果。

匡布伦斯太太告诉我的故事和我所告诉他们的故事不同，令我愕然。我怀疑我的亲眼所见，因为我不敢相信，另外那个我毫不怀疑的故事是错误的。我一直在准备极尽所能地讲解一株树木濒临死亡的可能，突然间，我必须告诉他们这株树很健康。还有，我知道匡布伦斯太太如何让故事收场。她想扩建一个房间，但是，又不想违反犹太律法。

当他们出现的时候，我的怒气消失了。他们很柔弱，诚挚，充满智慧，非常年轻。他们的车里有一个蹒跚学步的幼儿，怀里还抱着一个婴儿。她有着深栗色的眼睛，身着绿色长长的冬季外套。他从上到下一身黑色，头上戴一顶东正教徒的黑色精致的宽边礼帽，蓄着神采奕奕的红色胡须。

我说了我必须说的：这株树几乎毫无悬念的还会结果，除非上帝不愿意，或者雷电击毁，或者周围 5 英里[①]以内的可以传授花粉的梨树全部遭受破坏。（梨树不是自花授粉的果树，需要其他梨树才能结果。）

我修剪一段幼枝来演示我所讲的。他们很懊丧。我弄伤了这棵树吗？我说没有，修剪对树木有好处，如果修剪合适的话。他们感到不可思议。他们决定去询问犹太教士拉比，是否可以修剪这株树，不用砍掉。

这件事令我很沮丧。我看到了他们所买的房子和两个孩子。我不知道他们想要几个孩子，但是你可以看到，他们很快乐地拥有一个家庭，房子不够大。扩建一间是合理的，以继续他们的美好故事。

这位丈夫，他至少小我 10 岁，毫无怨气地看着我说，"这不是坏消息。这是一个非常好的消息。因为你阻止我们做一件错事。这是好消息，我很高兴。"

这段简短的话给我留下深刻印象。他不是一个自以为是的人。他似乎也不是试图赢得一种观点来反对他的妻子。实际上，他是明显的使自己乐于遵

---

① 1 英里≈1.61 千米。

守古老的律法，尽管这件事多少影响井然有序的安稳生活。我认识很多咨询客户和未来客户，他们想要砍掉正在结实的果树和参天的百年大橡树，仅仅是因为枯叶落入他们的院子，堵塞排水沟。他们情愿杀死一个100多岁的生物，也不愿每年花上不到一天的时间去清扫落叶。这个人需要给孩子建一间卧室，但是他不想为此杀死一株树木。

"这是一项好的律法。"我说。他们都未作声。但是，这是一个奇怪的律法，我对自己说。它是从哪里产生的？

在回来走向大街的路上，我开始鉴别他们房屋周围的其他植物，在一定程度上，我想安慰他们，部分是因为我在他们面前有些紧张，还有部分原因，我不应该收他们的咨询费。并不需要特别的知识才能，就可以知道那株树还可以结果。当我们走进前面的小花园时，我指给他们丛状蔓延的灌木卫矛和一对儿可爱的直立刺柏。"这些刺柏的浆果，"走过树旁时我说，"是不能吃的，但是可以用来给金酒增添香气。"

"啊！"他们应道。他们询问怎么处置灌木的蔓延和识别长在房产界线上的其他植物。我们告别了。

三天后，匡布伦斯太太又打来电话。

"你提到的果酱是什么？"她问道。

我很迷惑。"我没说过任何有关果酱的话。"我答道。

"你说过前院的一种植物可以用来做果酱。我们的拉比说它可以作为果树，我们不能伐掉。"

喔，啊噢，我想。我必须再一次处理这件事。

"我没有听懂你的意思。"我坦诚地说。

"由于我们不能在后面扩建一间，"她解释说，"我们决定在前面建，但是，如果这些树可以用来制作果酱的话，我们也不能砍掉它们！"

"匡布伦斯太太，"我说，"在你的房子周围除了那株梨树以外，我没有看见任何其他可以用来制作果酱的树。"

"但是，你说的那么清楚。"她坚持道。

我突然意识到。"金酒！"我大声喊道，"不是果酱（jam），我说的是金酒（gin）。制造金酒使用刺柏的球果。"

"一种饮料？"她问道。

"一种烈酒，是的。"我说。

"我听见了，"她说，"我必须再去问问拉比。我可以再给你打电话吗？"

"当然可以。"我答道。我想，确实可以赚到咨询费。

第二天，我又接到了匡布伦斯太太打来的电话。

"你能够移植那些树吗，做金酒的那些？"她问道。

"可以，"我说。"在合适的季节，我当然能做。那些树不很大，很容易移植。"

"它们能够成活和健康生长吗？"

"上帝的旨意，可以，"我说，"它们将会正常完好"。

"很好。"她说。她的声音里含着深深的舒缓。最后，这位年轻的母亲打算把她的房子安排就绪。

"如果你不介意我问的话，"我继续说，"没人吃刺柏的球果，至少不会再有人吃。阿帕奇人或许曾经吃过，但是，现在只用来给金酒添加风味。这也能把它算作果实吗？"

"是的，"她说，"拉比是这样解释的：我们在过节的时候使用北美黑桦的树皮粉。它很苦，我们加工和少量使用，增添风味。所以它是一种果实。而且，即便像大麦和小麦这类东西，在我们利用它们之前就被改变和加工了，有一部分被丢弃了。"

就是如此。凭借匡布伦斯夫人，我开始更加深入的思考时间。刺柏的浆果确实是阿帕奇人曾经吃过多年的食物。匡布伦斯夫人遵循的律法有着3,000多年的历史，可能存留在时间记忆的历史篇章之中，本质上与我们的不同。我在孩提时期就已经读过《创世纪》，但是，现在我才第一次知道，上帝已经告诉亚当和夏娃，除了一株外，可以吃花园里其他每一株树上的果实。

吃树上的果实。不是作为甜食。不是作为零食。而是以树木果实维持生存。

如果不是一种诗意的说话方式，只是一种对于农耕时期以前人们活动的描述，这可信吗？我热爱居住在我长大的加利福尼亚州的印第安人吃橡实的文化，然而总是认为，这些在地球边缘上矮小圆滚的人，吃橡实的习惯是奇怪的。

如果他们不是唯一的，而仅仅是最后的，那么吃橡实的是什么人？

橡食者：吃橡实的人。

古老的故事
The Old Stories

正像我们关于阿卡迪亚人过去的传说，那些游牧民族自己的有关过去的传说也是这样说，生活在地中海边的游牧民族，吃橡树的果实。

有一堂课，都是讲关于这种古代的史前时期的制度。问题是，这些故事大部分是编造的，还是其中含有深刻道理？让我们从特洛伊和迈锡尼开始，曾经认为是无根据的传说，直到一些勇敢无畏的考古学家把它们挖掘出来。尽管在事情的本质上，揭露吃橡实的文化是不可能的，就是说，一种以坚果维生的文化，但我们仍然可以发现这个故事引人入胜的真实性。

公元前 8 世纪，希腊诗人赫西德（Hesiod）在他的《工作与时日》（*Works and Days*）中断言，橡实有效地预防了饥饿："诚实正直的人们不会遭受饥荒，因为众神会给予他们丰富的物质：结出橡子的橡树、蜜和羊。"

诗人奥维德（Ovid）在其成熟时期所作《盛宴》（*Fasti*）的诗句中重复了橡实的故事，是对于罗马历法中节日盛宴的富有诗意的复述。在谷物和农业女神的盛大节日西瑞斯（Ceres）的盛宴中，他详细叙述了在农耕时期之前，人们以橡实为生。"结实强壮的橡树给予丰盛富足。"奥维德与弗吉尔（Virgil）和贺拉斯（Horace）为同时代的古罗马诗人。他肯定不是在轻率地斗嘴。当他写道"丰盛富足"时，不仅仅意味着橡实好吃味美，而是橡实稳定可靠，可供人们大量食用。

卢克莱修（Lucretius）或多或少地重复了相同的传说，还说到橡树对于人们的生活是如此重要，以至于在依洛西斯神秘大典（Eleusinia Mysteries）列队行进时都要扛着挂满橡实的巨大树枝。

这个时代最具有冒险精神和如饥似渴的故事收集者，普利尼（Pliny），描写了所有他观察到的不同橡树及其用途。"橡实在这个时代，"他写道，"构成了许多种族的财富，即便是在他们享受和平的时候。不仅如此，在橡实稀缺不足的时候，他们会将橡实干燥，磨成面粉，揉制面包；此外，在今天，在西班牙的一些省份仍然可以看到餐桌上的第二道菜里有橡实。"

在大约公元 160 年的时候，保塞尼亚斯（Pausanias）在其《希腊志略》（*Description of Greece*）中描述了皮拉斯古（Pelasgus）奠基阿卡迪亚王国，他还写道，皮拉斯古还发明了房屋的使用，穿戴羊皮和食用橡实。一个很有意思的三重奏：家、衣服和食物。这似乎很像我们称之为人类生活的基础。

保塞尼亚斯写到，"他，而且正是他核实了吃绿色树叶和野草的习惯，而树根是不可食的，有时是有毒的。他引进树木的坚果作为食物，但并非所有树木的坚果，只是那些可食橡树的坚果。"这揭示，皮拉斯古通过创造主粮就能够为他的人民造就活动较少的生活，也许是这种生活的初始。尽管保塞尼亚斯在写那些对于他来说是古代的东西，但是他注意到，与他同时代的阿卡迪亚人仍然喜爱橡实。

不过，据我来看，这是一项最有力的证据，这不是一个故事。它只是一个单词。在突尼斯语中，橡树一词的含义是生饭树（the meal-bearing tree）。

后来的西方拉丁语作家，拾起这些古老的故事，并且至少延续一段时期。英国文艺复兴时期诗人斯潘瑟（Spenser）在他的田园诗（*Virgil's Gnat*）把此事说得清晰美妙：

> *The oke，whose Acornes were our food before*
> 　橡树，它的橡子从前是我们的粮食
> *That Ceres seede of mortall men were Knowne，*
> 　是谷神赐予不能永生的人们的种子
> *Which first Triptoleme taught how to be sowne.*
> 　农林之神首先教会我们如何播种

然而，最近我们已经开始思考对这些早期作家的轻信。在科学革命之前所写的一切东西都是掌掴的响声。毕竟，普利尼在许多其他不可承受的断言中，坚持大风使秃鹫怀孕。那么，我们怎么能够相信他和他的会友及其子孙后代，对于人类饮食习惯和定居生活的起源如此重要的事情的论述呢？

绝对不会，现代科学思想家了解真相，而真相是残酷无情的：农耕时代之前人类是狩猎者。只有当人类将大部分野味灭绝的时候，当气候变化使人类狩猎的大型四足动物进一步减少的时候，人类才真正地开始牧业和农业。

坚果？噢，史前时期人类有时候会吃坚果，就像我们今天一样。

事实上，早期的"科学的"史前历史学家，重新制造了工业资本主义想象中的古代人类。当然，他们寻求最大的猎物，自然地尽其所能去杀掉它。他们自然会继续不断地猎杀，直到一些世界性的变化迫使他们改变习性，亦即，去发明，去创造一种新的生活方式。这就是前进，这就是事物的发展途径。

那些追随勇敢的理论家的研究者开始发现意想不到的假设的困难。实际上，很显然人类并不仅仅吃那些大型野生动物，而是还有那些他们手到擒来的任何东西，从乌龟到蜗牛、鸟蛋和橡子。此外，从来没有过像现在所提出的气候变化。第三，在考古学的发现中，甚至在人类收割野生小麦以供食用之前就出现了研磨工具。

人类在研磨什么东西？

也许，作为匡布伦斯一家宗教信仰基础的那本书可以给出一些答案。《创世纪》关于果树有一个很好的说法。在第一章第一个创世故事里，上帝断言，"要明白，我赐予你们遍布大地的每一种结种子的植物，以及结出果实作为你们食物的每一种树木。"没有提到作为食物的动物。

《创世纪》第二章包括第二个创世故事，被认为是在第一章之前构成的。这是一个关于伊顿花园的传说："在地面之上，上帝种植了许多看起来令人愉悦和作为美好食物的各种各样的树木，在花园中间是生命之树。"上帝告诉亚当，"除了美好的和邪恶的知识之树以外，你可以随意吃花园里任何树木的果实。"

在我们对于美好和邪恶之树个性的好奇心里，我们忽视了主要观点：上帝告诉未堕落的人去吃树木的果实。在最后一次冰期之后，在美索不达米亚肥沃的新月地带还有哪些果树？橡树、刺柏、阿月浑子、槭树和野生梨树。（是的，匡布伦斯夫人，梨树。）这些树木的果实或许都可以吃，但是只有一种具有合适营养特性的树木果实成为主食，那就是橡子！

那个时代距今似乎那么遥远！即便不是在全世界，我想，在任何一个可以找到匡布伦斯夫人的拉比或者他的先人与老师的地方，橡树被毫无关注地采伐已经有 3,000 年了。但是，橡树作为食物的来源，在每个地方，每一个人，都不会被忘记。

最近，我在纽约市心脏地区曼哈顿中心区第 32 街"小韩国"散步。有人告诉我韩国人仍然在吃橡实制品，如果我在一个好的韩国超市里寻找，可能还会找到一些。

这座城市里最大的一家韩国超市在街区的中间，在收款处后面是一个美丽的韩国姑娘，长而直的黑发，面庞修饰得像一枚修长的白栎的橡子。我问她，她的店里是否有橡子做的食品，她似乎迷惑不解。她询问相邻柜台的伙伴，"嗨？"，她也耸耸肩膀。

我不想空手离开，在零钱口袋里翻找，通常我会在里面里少放一枚橡了。确实，有一粒红栎的橡子，几个月前我在新汉普郡采的。这时候，两个姑娘将信将疑略带紧张地看着我。

我取出橡子，举起来。是这个，我指着说。立刻，这两个姑娘微笑起来，然后又大笑。"当然，当然，"黑眼睛姑娘说，"有，我们拿给你看。"很显然，她们对橡子的熟悉就像熟悉花豆和大米一样，尽管不知道"橡子"这一名称。她们让我回到面粉部，拿起 1 磅①橡子粉面，5.99 美元，然后又走向冷柜，拿出一块像豆腐一样的橡子冻儿，3.99 美元。在整个过程中，一个姑娘一直向我解释如何用橡实粉制备橡子冻儿。

或许，普利尼、奥维德、保塞尼亚斯和所有其他的人都没有错。也许，全部文化习俗都曾经吃过橡树的果实。如果我们是北半球的儿童，我们的高祖父母都可能吃过橡实。

生饭的树木
The Meal-Bearing Tree

在新英格兰和中西部的北部地区，有些孩子仍然知道，如果你在红栎、猩红栎或者黑栎树上找到新鲜的"橡树苹果"，你可以戳个洞，吸出甜甜的汁液。许多人可能已经被告诫不要做这种危险的不卫生行为，可是直到今天，库尔德人、伊朗人和伊拉克人仍然吞食甜的橡树渗出物，他们称之为玛娜（manna），即神赐食物。汁和渗出物都是从橡树的汁液蒸馏得来的。

每年六七月间，库尔德人期盼的这种甜的液滴开始在阿勒颇栎树（*Quercus infectoria*）的叶子上凝结。大清早，在蚂蚁上树之前，他们在地面上铺一块布，敲打上面的树枝，震落结晶的玛娜。有时玛娜呈现褐色，有时呈绿色或像焦油一样的黑色，有时呈纯净的白色，不管什么颜色，总是很甜。他们用作早餐饮料，或者与鸡蛋、杏仁或佐料混合制作甜点。20 世纪初期的记载表明，当时伊拉克人每年消费 30 多吨这类点心。

透过这些古老的习俗，可以看出，人们认为玛娜是从天上滴落下来的。

---

① 1 磅≈0.45 千克。

（《圣经》第二卷里面的玛娜也许是同样的渗出物，但是，是从柽柳树中渗出的。）事实上，它是蚜虫和蚧壳虫的产物，它们将口器插入树皮下面沿着韧皮部流动的甜而复杂的糖和碳水化合物。这些昆虫消化它们能够消化的，主要是稀缺的氮，而剩余物则通过它们的身体从树上滴落。

"橡树苹果"并非橡树的果实，它是囊状的虫瘿（参阅 180～182）。每个囊球外面都有多层苦涩的单宁组织包裹着，里面的空腔却填满了同样的甜的汁液，库尔德人和希伯来人曾经尝试过，现在一些胆大的孩子仍然尝试。

但是，比起成千上万的以橡实为主食的人，这些孩子和库尔德人都与橡树有着更快活的时光。当你开始准备加工橡子的时候，其气味很美。将外壳弄碎，果肉研磨成粉，做成饭食。去除辛辣味儿，散发香气，带有浓厚的橄榄油和强烈的咖啡味道。当你用大量的水冲洗掉单宁，然后放入烤箱，慢慢地烘干，其香气更加明显。

说得好听一些，这味道令人失望。一位现代作家说，用橡子粉做成的粥"索然无味"。"乏味"可能更符合其特点。这种东西有质感，满足舌头和咽下喉咙。至于香味儿？一点儿都没有，自来水或许更可口。

我第一次吃的橡实食物是从韩国超市买来的橡子果冻。将其连同豆腐一起放在冰箱冷藏室，像豆腐一样，切成小方块，没入水中，然后装入好看的容器中。它看起来是漂亮的巧克力色；跟豆腐比起来，橡子果冻看起来很诱人，因为在我看来，豆腐就像厚重的卫生间瓷砖。

我把它切成片，凉着吃。碰到舌头，有一种黏滑感，好像鼻涕，幸好，他立刻就融化了。在质地上，它比果冻细腻，第一口以后，口感挺愉悦的。真正令人讨厌的就是有一种空调排出来的气味儿。

这样不行。我试着用橄榄油煎一下，味道更好，更像橄榄油，我把它切成薄片，撒上葱花，加点芝麻油和米醋。这下更有味道，但是，橡子冻仍然保持质地和大块，不是微小颗粒的味道。

在上午做的这项实验，结果令我失望。我回来查阅书籍，怀疑真的有人会有胃口，这样的食物能够吃上一个星期，更不用说几千年了。这不仅仅是有害的，而且很愚蠢。他们会死于厌倦无聊。

另一方面，阅读关于吃橡子的书籍和与研究吃橡子的人谈话都充满滑稽可笑。我持续一段时间做这种很轻松惬意的工作。当我又开始注意时间的时候，我很惊讶地发现已经过了下午三点。

我从来不需要看时间来告诉我什么时候应该吃午饭。如果 1 点钟左右我还没有吃午饭，我就会开始发脾气。费尔南多，是我的树木公司的领班，他会像遵照司法程序一样断定这些人可能饿了，以便引导我在生气之前去购头食物。

不过，这天早餐我只吃了香蕉和喝咖啡，接下来吃了 6 片橡子冻，大约有 4 盎司①左右，这是 10 点半的时候。然后，什么都不吃。

在 3 点钟的时候，我仍然不觉得饿。在 4 点时，我也不是很饿。我径直去吃晚饭，没有任何想吃午餐和零食的念头，而且我没有发脾气。在下午过去一半儿的时候，我想到可能是因为橡子冻起作用。我现在承认，最后的感觉是吃它所产生的：在我吞下第一片的时候就立刻产生了愉悦的饱腹感。

需要做更多的实验。我抽出一本书，书名叫《橡子食谱》(*Acorns and Eat' Em*)，是该书作者苏伦·欧森 (Suellen Ocean) 惠赠给我的。她住在加利福尼亚州威利茨附近，北部海岸山区，那里盛产好的橡实。她喜欢简朴，爱吃从地里收回来的。威利茨的人都叫她橡子女士，但是，长期以来，她以这片疏林地的贝蒂·柯珞克为人熟知。她是这样一种人，如果你叫她顽固保守的嬉皮士，她可能点首称快。

苏伦这本螺旋装订的食谱，包括从用橡子做早餐麦片到晚餐主菜的几十种烹饪法，包括橡子宽面和用辣椒作调料的墨西哥菜。在她的食谱里没有任何外来的东西，没有效仿土著美国人烹饪的企图。她只是想让这种丰富的不用花钱的健康食物，成为她自己和每一个人的日常饮食的一部分。

下一个星期六的早晨，我用从韩国超市买来的橡子面，给苏伦做了些薄饼。她的食谱是标准大饼的做法，用量是一杯橡子面的 1/3。烙的火候稍高一点，比普通的薄饼颜色好一些。的确，饼里面的颜色浅一点儿。饼的味道更美，也许更耐嚼。虽没有给橡子添加任何风味剂，但是烙饼确实给你一种很快就感觉到的很满意的奇特味道。

5 个小时以后，我仍然有着那种感觉。

接下来，我决定试试一道食谱，用橡子作为主料，不是作为辅料添加到可以使用的菜里面。苏伦的橡子菠菜汉堡食谱里包含一盒切好的冷冻菠菜、1 杯半橡子面、2 只鸡蛋和半杯面粉。橡子和菠菜是主要成分。你可以做小馅饼，使用植物油煎烙。但结果并不吸引眼球。我的前 2 只汉堡看起来像是沾满颗粒的泥巴饼，还有质地结构也令人失望。好像我把饼从锅里抓出来一样，恰巧我太太此时进来。

---

① 1 盎司 = 28.35 克。

"看起来有点倒胃口，是吧？"我问道。

"噢，我不知道。让我尝尝。"她敢于冒险。

我们从第一只汉堡上折下两片薄薄的碎片。勉勉强强地尝出一点味道，但是，像寻常一样，其质地结构比外表看起来好得多。加一点盐，吃起来还挺可口的。蘸上泰国辣酱，味道很美。厚厚地抹上事先做好的辣根酱，味道肯定很美。

我觉得我已经发现了橡实烹饪的首要原则：将其与一些具有风味的东西混合。

我回想起，曾经读过库尔德人仍然品尝一道用橡子肉和脱脂奶做的菜。我有一点脱脂奶，把它添加到橡实-菠菜混合物中。结果就像油炸馅饼，刺鼻的脱脂酸奶更加提味。多涂一些辣根酱也无妨。

到这时候，我应该结束这一试验，我要撑爆了，尽管还能吃少半杯橡子粉。我觉得我可以无限地吃橡实，只要变换风味。还有，也许我有理由，因为我有生以来的饥饿情形屈指可数。我可能不会像那些更经常处于饥饿状态的人一样，高度珍惜吃饱的感觉。

我出现过一种想法，橡实或许已经是遍布世界温带地区，所有炖煮和火锅的主要烹饪方式的基础食材。假如橡实真的是主食，它肯定会是添加风味的，加入调料的，各种各样的和增色的。如果确实如此，如同现在许多人类学家所认为的那样，狩猎和采集生活的最后状态就应该是，所有消耗的东西都来自种子、坚果、鲜果、肉类、鱼、贝、龟、昆虫和浆果，这就自然发展成以混合炖煮为基础的烹饪而非烧烤或水煮肉类。

如果将那些仍然吃橡实的人作为证据而纳入考虑，这似乎完全与曾经发生过的一样。中国人仍然在褐色的酱汁中炖煮浸沥过的橡子和荸荠。还有土耳其人，还在把橡实粉做成一种热的饮品或者橡子面粥，混入香草、糖和其他淀粉。到了 19 世纪，美洲东北部和上中西部的印第安人欧及布威族和米诺米尼族与伊洛考伊族吃橡子，用糖槭浆、黑莓、肉和熊油调味。他们有时用橡子面与玉米面混合做面包。阿帕奇人用橡子面和鹿肉与肥油制作干肉饼。生活在加利福尼亚州南部的卡惠拉人用橡子面与奇亚种子、浆果或肉混合，然后将糊状物做成像蛋糕一样的点心，可以切成片来吃，与我在韩国商店买的橡子冻完全一样（风味更美）。在加利福尼亚的其他地方，不同的部族有各自喜爱添加的辅料，诸如根、种子、浆果和菌类。即便是通过水煮橡实制作一般的橡子糊，他们也会添加风味，用香料植物叶子过滤，或者滴入经过香柏枝备滤过的水。

戴尔菲娜·马提尼兹是住在加州霍普兰德附近的波臭女人，她告诉我有关她的孩提时期那些盛大宴会的日子。她妈妈会生起火来，把木头烧成炭。然后她在上面放一层新鲜叶子，再放上一层橡子糯糊，再放一层三文鱼，再放一层叶子、一层橡子糊，然后一层鹿肉，再一层叶子。他们可能持续地一层层地往上添加，直到有 4 英尺多高，然后用泥土封住，等到清晨打开。所有孩子们清早争先恐后的起来，第一个打开食物吃掉它。

橡子，吃的时候什么也不添加，做成营养面包饼。这种面包世界各地都有记载，有些地方日常在做。有时候，会与陶土或者阔叶树灰烬混合，一种设想使残留的单宁增甜的过程，但是，无论混入什么，做出来的都是黑色，外面有脆皮硬壳，里面像是松软的海绵。克里米亚的鞑靼人，在 19 世纪末仍旧吃它。在科西嘉岛、撒丁岛和北非，有时候人们仍然在吃。加利福尼亚的印第安人都吃的橡子面包，博物学家约翰·缪尔（John Muir）将从印第安人那里学会制作的橡子面包，称为"最坚实最给力的食物"。它便于携带，有营养，而且可以保存数月不坏。

在把橡实当作最喜欢的食物的地方，一定有一些树种享有比较甜美的声誉，至少具有特定的风味。卡惠拉人吃 4 种不同品种，而且，据说好的烹饪方法，可以通过调整 4 个不同品种的混合比例改变橡子糊的风味。最甜的橡子，显然可以炒熟加盐作为零食。在日本和韩国，称为栎（kunugi）的树种，即麻栎（Quercus acutissima）的一个变种的橡实，有时候就是这样吃的，就像墨西哥西北部的艾莫丽栎树（Q. emoryi）橡实一样的吃法。（从前栎树在日本的重要性可以从一些故事看出来，在古代声称栎树如此之大，早晨和傍晚的影子可以延伸几百英里之长。）冬青栎（Quercus ilex），在地中海周围地区的一种常绿栎树，其果实在西班牙南部、摩洛哥、突尼斯和阿尔及利亚，仍然是很普遍的节日食品，直至 20 世纪初期，炒熟加盐的橡子，仍然是马德里大剧院的女士们最喜欢的零食。

橡实甚至被煮熟，以提取其油脂。橡子油有时被用作软膏和消毒剂，而且对止血很有效。但是，在世界一些遥远的地方，诸如摩洛哥、美国明尼苏达州和门多西诺县，橡子油用于烹饪。在西班牙卡迪兹还可能搞到橡子油，作为橄榄油的替代品。还是在西班牙的埃斯特雷马杜拉地区，有一种橡子酒。

世界上许多地区，仍然以不同方式食用橡实，雄辩地证实，橡实可能曾经是一种主食。

冰期以后
After the Ice

晚上新世折叠了陆地，更新世刷洗了陆地。在上新世，陆地移动将大陆板块链接、隆起，形成世界上新的山脉。这些折叠的陆地形成平行的山脊，很像你从脖子上往下拉被子的时候所出现的许多皱褶。通常，这些山脉下泄，从高山到草原，到较高的山谷，再到较低的山脉和更低的冲积河谷，逐级下降，就像大看台的座位。

在更新世，冰在世界范围内向南漂浮，大约 2 万年前，最远渗透到赤道。北美、欧洲和亚洲大部分地区为冰所覆盖，但加利福尼亚未被覆盖，日本和中国大部地区以及亚洲西南部的大部分地区也未被冰所覆盖。即使是未被冰川覆盖的地区，平均温度陡然下降，于是橡树后退进入避难所。现在是沙漠的那些地区，即北美西南部的索诺兰（Sonoran）或者位于累范特（Levant）东南地区的内盖夫（Negev），当时均为橡树所覆盖。黑海和里海南岸的主要橡树种群，在累范特海岸和地中海北面与土耳其零散分布的萨王那群落都存活下来。在中国，空旷的草原和针叶林成为优势植被，同时在亚热带的南部和东部地区橡树存留下来。在日本，橡树主要存留于东南部海岸地区。

当冰川退却时，橡树从其避难所漂流出来。橡树常常选择通道，通向上新世山脉创造的高地和峡谷。从内盖夫出来，橡树覆盖累范特沿海丘陵，沿着叙利亚、黎巴嫩、以色列和约旦的山坡前行。向北，这些橡树与其他来自黑海和里海避难所的橡树相遇融合，沿着伊朗扎格罗斯（Zagros）山系和现在的土耳其南部地区的丘陵乡野旅行，然后向东进入美索不达米亚地区的底格里斯河和幼发拉底河流域的大地。橡树为新月沃地（Fertile Crescent）镶上的边框。来自累范特的橡树向西转，到达希腊南部。所有这一切，都发生在从前的 8,000 ~ 12,000 年之间。

大约在同一时期，橡树从北美西南部的索诺兰出发，沿着太平洋海岸和内陆山地向北扩散。在北美东部，橡树则从东南平原地区出发，沿着古老的阿帕拉契亚山系向北到达新英格兰，这大概发生在 8,000 年前左右。

冰川长期停留在欧洲，所以直到大约 1 万年前，欧洲橡树才接近意大利和西班牙半岛的地中海边缘地带，开始北上。在 2,000 年内，橡树到达英国和斯堪的纳维亚南部，此后不久，在 20 世纪的温暖时期，进一步北上，进入斯堪的纳维亚内陆地区。

在中国和日本，橡树自然分布区扩张得最快。到了 9,500 年前，中国的橡树已经覆盖了中部和北部高地，沿着海岸进入朝鲜和西伯利亚。在 12,000 年前，除北方诸岛以外，橡树又一次遍布整个日本。在 8,000 年前，橡树甚至已经占据了北海道。

在气候温暖时期，橡树占据了所有地带，但是，当温带天气变得稳定和干旱以后，平原地区就变得不太适宜橡树。诸如索诺兰和内盖夫已经成为沙漠，于是，橡树从这些地区消失了。北美东部山麓地带还保留一些橡树，但是密度降低。然而，在那些折叠山地的高处，橡树却生机盎然。

我相信，这是人类藉以形成的脚手架。并非人种，而是人类，即希腊历史学家保桑尼亚斯（Pausanias）所描写的人类的一种，具有住处、衣着和稳定的食物供给。冰川以后的人出现在这些阶梯式的山地和河谷，扩展阶梯通向更高的山地和草原，狩猎野生的山羊，去积水的平原低地寻找蟹贝、蜗牛和候鸟，但是生活在高地上，橡实则是食物，小的野生谷物喂养最早驯化的动物。

不同的气候带紧密地排列，一个与另一个堆积在一起，的确如此，狩猎和采集的机会各种各样，而且东西极为丰富，像这样的体系称之为垂直经济。这样的垂直经济实际上在相隔几千英里的许多地方同时出现：在扎格罗斯山脉、美索不达米亚的底格里斯河和幼发拉底河流域、约旦大裂谷、累范特的犹太山地、希腊的阿卡狄亚丘陵、中国的中部高原、克什米尔的印度河谷、北美西部的沿海山地、墨西哥特瓦坎和欧洲中部与北部的许多河滨高地。与我们今天相比，各地经济变化多种多样，取决于更广泛的食物来源，不过，在所有地方都是围绕着山地橡树林带。

举个例子，伊甸园，就像《创世纪》里描述的那样，"一条河流出现在伊甸园，河水浇灌花园；在伊甸园之外，这条河分成 4 个支流。第一条支流的名字是比逊河（Pishon），就是那条蜿蜒流经有黄金的哈腓拉（Havilah）全境的河。那里的黄金好极了，在那里也有红玉和青金石。第二条河流的名字是基训河（Gihon），就是那条流经古实（Gush）全境的河。第三条河的名字是底格里斯河，就是向东流向阿舒尔的河。第四条河就是幼发拉底河。"

这是对于一个具有垂直经济的地方的比较确切的描述，这一垂直经济由扎格罗斯山脉向下经过橡树-阿月浑子高原，到达亚述大草原，最后进入美索不达米亚冲积低地。那里的村落也是世界上最早开发的定居地点之一。

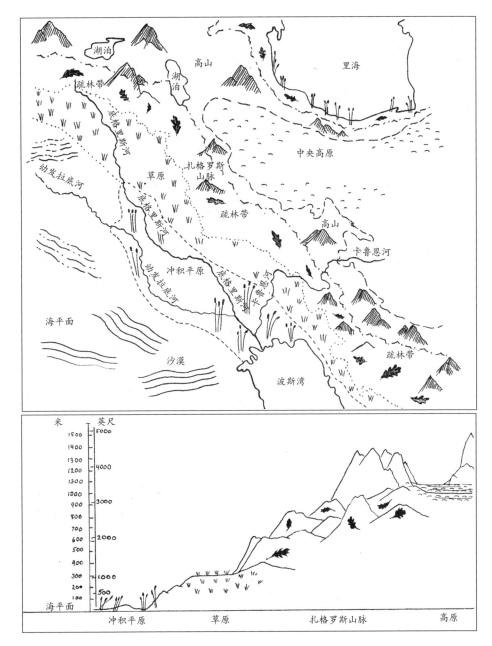

一个垂直经济的原型例证，从平原到草原，再到高地和山地〔娜拉（Nora H. Logan）根据 Kent V. Flannery. The Ecology of Early Food Production in Mesopotamia〔J〕. *Science*，147：3663（1965）：1249. 绘制〕

人们曾经肯定地认为，这个地区的人是最早依赖猎取冰川时期大型哺乳动物为生的。后来，这些哺乳动物竭尽，设想他们不得不转向猎取野生的绵羊和山羊。再往后，人们已经驯化这些绵羊和山羊，成为更容易获取的食物。最后，人们便利用在高地森林里和宽阔冲积平原上大量野生的小麦和大麦。首先，他们必须采收加工野生的谷物；然后开始种植。这个故事呈现一个过程，从不稳定的饥荒的狩猎-采集生活到相对有保障的农耕和家养动物的生活过程。

这个故事几乎全部是虚构的。至少，这需要颠倒过来看，一个重要的缺失需要矫正，那就是橡实。在新月沃地的早期最大定居点之一，是占地 31 英亩的城镇，卡塔尔胡尤克（Catal Huyuk），与位于当代的土耳其科尼亚平原（Konya Plain）的高地橡树林带相接。在 8,000 年前左右，这座城镇很繁荣，正是因为农业实践始于这一地区。考古学家在这里发掘出研磨器具和地表下水泥衬砌的仓储坑。这些可以看作是以本地小麦和大麦为基础的早期农业的证据。确实，在晚近的地层中不仅发现了野生品系，还发现了经过遗传改变的栽培谷物。

但是有一个问题。在早期的遗迹中，几乎没有发现任何形式的镰刀，在已经发现的很少几件中也没有看到刀片割草产生的光亮特征。也许人们将草连根拔除，就像现在世界上一些地方仍然在做的那样，但是这样做可能会折断许多穗头，丢掉许多宝贵的谷粒。只有打算利用整株植物才会全部拔出。草茎和穗头唯一的可能用途就是用作动物饲料，而非人的粮食。

如果用小麦和大麦喂养绵羊和山羊，那么，卡塔尔胡尤克人吃什么？他们用研磨器具磨什么？仓储坑里存什么？

他们是在研磨和储存橡实。卡塔尔胡尤克人也许是最后一个，其饮食文化以橡实为主。只是在后来，他们确实反转了饮食策略，收割、保存和谷物脱粒以为人用，同时用橡实喂养动物。到 19 世纪末期，旅行家伊莎贝拉主教（Isabella Bishop）到达库尔德斯坦（Kurdistan）的村子里时，那里的人还在吃橡子面包、野生芹菜和凝乳，有时候，还会把凝乳与橡子面混合在一起，做一种很特别的面条。他们的确种植小麦和大麦，但是并不吃这些。他们将谷物用作贸易，换取棉花和烟草。

这些高原地带的人，以橡实为主食，以山羊肉、贝螺和大麦茶等其他食物为补充的艰难生存方式，持续了几千年？怎样保障生活的安全？整个地区总是处在饥馑危情之中？他们没有转向更为安全的农耕生活吗？

显而易见，以橡实为主食处在人类世界所认知的最稳定最富裕的饮食文化之中。肯特·法兰尼（Kent Flannery）曾经研究那个时期的中东地区人民，是最早揭露从大猎物狩猎者向农耕转变的思想的人之一，他在1965年的一篇文章中写道："狩猎-采集者群体可能获得它们所需要的全部能量，甚至不用很费劲的工作。"另外一个研究者的结论说，在伊甸园附近的扎格罗斯高原，收获橡实所花费的时间要比收获小麦和大麦的时间少10倍。另一个人写道，建立在橡实基础上的饮食比狩猎饮食更富有营养，而且更易于满足。班布里奇（David Bainbridge）研究加利福尼亚现存的以橡实为主的饮食中的橡实利用，他引用了"橡食文化"（Balanoculture）这一术语，并且在结论中说，当地橡树高原可以支撑多个千人村落，这些人可以在三个星期内收获足够的橡实，维持2～3年的生活。橡子可以储存在地面上通气的箱子里、地表下的坑里，或者埋在河道的边缘，橡子不仅保持新鲜，而且流水会滤掉单宁。早期在美国东北部的欧洲定居者，常常报道在河道附近犁地时翻出充满橡子的隐蔽储藏所。

橡实富有营养，容易获取，容易储存。在加工过程中唯一费力的环节是过滤。由于果肉中单宁含量和其他收敛化合物比例较高，为了使之可口，将橡子磨碎，用水冲洗，非常重要。在每一种食用习惯中都发现使用了这种技术，尽管在南欧和北非常绿的冬青栎（Quercus ilex）的橡实是甜的，可以直接烘焙食之。

当有充足的橡子粥和橡子面包食用时，就没有必要屠宰你所捕获的所有动物。绵羊、山羊和猪的驯化可能源于此时，因为稳定的橡实，可能拯救那些被捕获的动物，繁育，建立"肉类仓库"，应对可能出现的饥荒。也许，正是这些动物，最早被喂以野生谷物和杂草，还有橡树的叶子。

那时，具有橡树饮食文化的人们，几乎不用费很大劲儿，每天就有足够的所需面包，完全照着上帝在《创世纪》中指出的那样做，吃树木的果实。可能只有最基本的劳动分工：男人负责寻找食物补给和劳动强度较大的橡实收获。妇女儿童从事收获，淋洗和食物加工。在冰川以后高原上并不缺乏橡树。可能会有充裕的时间，停下来去深度思考，有充裕的时间成长为人类。

然而，假如情形真是如此的话，那么，为什么还会有人做出改变呢？

橡树的线索
Threads of Oak

可能在 1,000 ~ 3,000 年之间，人们没有做出改变。人们以橡实为生，以日益增多的各种肉类、坚果、谷类、佐料和草本植物作为补充。通常认为，人类迁徙是因为饥荒、战争、疾病、歉收或者其他灾害。也许，在人类各种文化之初，常常是富裕引起的。

稳定和平的社会意味着两件事：第一，鼓励更多的生育。这不仅导致对于食物资源的更大压力，还导致社会更大的分化。不同的血统谱系发展出各自的目标、风俗习惯、向往意愿和生活方式。由于几乎没有干预，不同的群体会延续很多世代。第二，稳定的社会使其局部环境质量下降。尽管这些相对较小的群体比我们向环境索取的压力要轻，但是仍然需要木材取暖，建造房屋，为他们的动物寻找饲料。

砍伐树木和放牧牲畜一起大面积地毁坏森林：砍伐萌蘖，就是每隔 10 ~ 15 年在树干基部把树木伐倒，让其重新长出大量木材，用来取暖、烧饭和建房，只要时间足够，橡树就茁壮地长出新的树干，但是，一旦山羊到来，就会一次一次地啃食新嫩的枝芽，直到根系能量消耗殆尽，不再长出新芽。

人口的不断增长和环境的持续恶化促进了迁徙。这很可能不仅使人做出铤而走险的行动，而且增强了胆量和决心。当一个子代群体从村子分离出来的时候，就可能勾画出命运，开始追寻。他们既不是迫于敌意，也不是迫于饥饿。恰恰是，他们有很好的供应补给品，满怀巨大希望。只要高原上橡树林连接不断，他们就不会需求匮乏。

早期移民的规模难以夸大。橡树在更新世退缩和全新世气候变暖的所有地方扩张，人群追逐橡树，逐地而居。在印欧语系中橡树（oak）一词的词根是 *daru*，在凯尔特语中保存下来的衍生词 *druid*，就是 *dru* 的一种形式。从中亚到西北欧，这个单词由追逐橡树痕迹的人们，一代一代的口口相传是可能的吗？

不一定是在一个地方突然兴起，再到其他地方，然后传播到全世界。也许真的始于多地，无论在哪里，人们首先学会滤洗和吃橡子。一个突然行动，可能发生在黑海和里海南部海滨的橡树避难所附近，然后沿着扎格罗斯向东渗透，直到波斯湾，向南进入累范特高原，最后转向北非的角落，在那里橡实仍然常见于日常饮食。另一个突然性，可能始于中国的东南部，经过中国中部高地，沿着大草原的边缘进入今天的韩国和西伯利亚，之后跳进日本。第三个突然事件，可能从扎格罗斯传进希腊南部和意大利，不是进入伊比利亚半岛，而是向北进入北欧，最远到斯堪的纳维亚。第四个突然兴起，可能始于中美洲高原地区，向北移动进入加利福尼亚，向东经过大陆南缘，然后向上到达东部沿海。或者，加利福尼亚橡树文化是那些跨过白令海路桥的人的产物？他们具有相对来说更强的朝鲜半岛橡树文化。

然而，橡树饮食文化的扩张最终遭遇两个障碍。第一个，可能是气候。尽管橡树本身已经成功地适应有雪地带，但是人还没有适应。更北的橡树饮食文化，必须下定决心是否将橡树作为食物来源，或者是建筑和取暖材料来源。的确，直到近期，橡树饮食文化仍然存在的地方，诸如日本、韩国沿海、北非和加利福尼亚，都是气候温暖地区。

第二个障碍，隐藏在迁徙前沿之后的更为古老的橡实文化。不仅仅对经过长时间形成的木材资源形成压力，而且土地继续变得贫瘠。在受到侵蚀的丘陵山地和贪婪取食的山羊之间，橡树疏林开始衰退。繁茂时期走到尽头。

每一种文化，都具有早期繁荣的黄金时代的神秘历史。这些神圣的历史故事，也许正是在文献水平上，对于橡食文化的记忆。

衰　落
The Fall

首先，人们可能没有想过，不会再吃橡实。他们只是增添其他食物，添加风味或者替代品，也许在橡实歉收年份，橡树几乎没有结实。他们的父辈和祖辈已经习惯于从橡实获取营养。因此，他们可能也是如此。但是请看：这里却有龟汤、螺肉、其他坚果、山羊肉和羊奶，还有橡子喂养的猪肉和脂肪与各种谷物。

与橡食文化相关的一个问题，就是橡实的收成并非年年相同。某些年份收成非常好，但是，偶尔由于寒冷或干旱，收成可能不够充足。这样，人们便不得不寻找其他食物。饲养动物的草类结出可以吃的穗头。干透了的种穗和粗糙的外壳，山羊很喜欢，但是对于人来说很难消化，不过容易去掉。使用研磨橡子粉的石磨可以将种子磨成面粉。谷物面粉可以烘焙制成面包，尽管不是很好保存，但是比橡子面面包轻便。以这种方式，人们学去将谷物用作食物，尽管如此，还不太可能完全依赖谷物。

直到人们离开橡树，也没有完全依赖谷物。橡食文化的最大缺陷就是不能随身携带。你必须到有橡树的地方去。的确，为了维持橡食文化，关税增长，以便支持橡树繁殖。在德国和瑞士，有一项延续到中世纪的法律，要求打算结婚的男青年在婚礼之前栽植一棵小橡树。当这对夫妻的孩子到了该结婚的年龄时，可能会多出 2 株结果的树来支撑他们。但是，从栽树到第一次结果需要 15～30 年的时间，将橡树当作果树栽培是不可行的。

先行离开的可能是满怀希望的年轻人。像他们的祖辈那样，为了寻求生活出路，迫不得已从一处橡树林迁移到另一处，离开老人和他们固定不变的生活方式，这一年轻人群可能不得不向外看，觉得有必要改变。"我们为什么应该住在这里？"他们说，"这里每一件事都已经固定了，除了生存和死亡，我们别无他事可做。让我们闯出自己的路。"

"我们能去哪儿呢？"一个人发出疑问。

"往下面去，"她的一个朋友说。她会指向下面辽阔的草原，冲积河谷，那里几乎没有树木，但是野草茂盛。"我们可以带木材下去，在那里建造房屋。我们有充足的饲料喂养我们的家畜，我们可以用饲料做贸易换取橡子。"

渐渐地，他们赢得了整个群体的支持。他们集中了供应补给物资，喊着再见，走了。有人知道一个小的土丘，易于取水，而且还有牧羊人的季节性使用的窝棚和围场。这是一个建立村落的好地方。

头两年，他们还与高坡上的老一代亲人保持定期联系。他们用饲料换取橡子，用毛皮换取木料。但是，上山的小路很长，而且老一代人中也没有人欢迎这些遗弃他们的暴发户。

聪明的女人说，为什么不用谷物就地做饭？毕竟，我们的周围到处都是。

对于我们之中那些费力耕种小麦、燕麦、大麦、水稻和其他谷物的人来说，很难想象，在拔起、脱粒、去壳、磨粉、做熟直到最后吃掉的地方，这些野生的谷物在自然中如此丰富。回溯到 20 世纪 60 年代，植物学家杰克·哈兰（Jack Harlan）在近东一个这样的地方野外考察，他发现了几千英亩未被耕作的土地上的野生二粒小麦。用一把原始的磨石镰刀，在长达三周的旅途中他成功地手工收割了 1 吨小麦，足够一个大家庭吃一年。

这种丰富性不亚于橡实所提供的。尽管脱粒和去壳在开始时有些笨拙和令人讨厌，但是从长远来看，不像橡子去壳和淋洗那么令人厌倦。一旦做出朝向谷物的改变，为什么还要回去？新群体领导人的向前思维，充满向往，这就是新的生活方式，不再依恋回到树林中去的旧的生活方式。

过了几个世代，这个新的村子将会变得繁荣和增长。在小麦歉收年景，村子可能经历过极度贫困，但是食物是如此丰富，没人会遭受饥饿。最后，一个具有与其祖先相同怨言的年轻群体出现了：这里所有事情都是固定不变的。我们没有机会。我们需要一些不同的东西。

但是，当他们向外看的时候，他们几乎没看见橡树林，也没看见野草覆盖的生机勃勃的山丘。他们看见了河流和季节性溪流灌溉的低地，植被稀疏，没有可以用作主食的东西。

他们中多数人发出叹息。然而，一个聪明人指着在下午太阳的照耀下闪闪发光的小溪说，"看，我们携带谷物。一年后，将会发芽结实。直到一切就绪，我们就可以用我们的畜产品交换面包。而且如果我们在水边种树，毫无疑问，我们将获得大丰收。"

他们确实这样做了。他们不仅仅获得好收成，而且是大丰收。如此小的一块土地面积，从来没有产出这么多的小麦。他们受到鼓舞。他们选择最好的和最饱满的种子用于来年种植，又一次好收成，超出他们最狂热的梦想。很快，他们拥有一个就像他们从中走出来的一样大的村庄，从其 1/10 的土地面积收获小麦。每个人都吃得饱。

但是，有两个不曾预料到的后果。这是第一次，土地具有价值。全村的粮食都从比较小的一块土地上长出来，那里水位较高。（当考古学家察看这类村庄遗留下来的种子储藏场所时，常常发现小麦种子与莎草和其他沼生草类种子混合在一起，他们确实在很接近水边的地方种植小麦。）这是第一次，如果缺水或者受到水淹，作物生长很差或者绝收，那么人们就会遭受饥荒。

这是一种新的不愉快的经历。最聪明和最受拥戴的人说，"我们务必保证不能缺水，假如缺水，每个人必须具有足够生存的水。出于这种原因，我必须管理土地。"最不讲道德的人说，"假如水太少不够所有人用的话，我们必须保证至少够我们自己用的。我们必须拥有这片土地。"

这是第一次，少数人要求控制为所有人生产粮食的土地。这可能是令人十分沮丧的经历，尤其是，对于那些在遭受饥荒时得到的供给不足的人。

在需求驱动下，那些最聪明的人想到"看那，我们可以走出来，到达平原，这里河流绵长。确实，这里比较热，更空旷，但是我们可以开挖渠道，将河水引进田地。用这种方式，河水可以流得更宽，我们就能够种植更多，足以再一次让每一个人吃饱。"

注意"再一次"这个词。这在人类历史上可能是第一次，人们回首许久以前的粮食充裕时代。

但是在平地，开始时一切进展顺利。一项开挖和耕作的巨大工作开始了。在他们自然村落中已经开发应用的得到改良的谷物大面积推广，生产出大量的粮食。很快，他们就嘲笑那些在泛滥平原上的耕作的人。在那里，先人的村庄或许最多能够养活几百人，灌溉的人能够养活一个镇子里的几千人。

在古代近东地区，这是平原地区伟大文明的根源：亚述人、巴比伦人、阿卡德人和苏美尔人的文明。

他们在很小的一片土地上生产出以前不敢想象的大量粮食。也许，只用了10%的土地却养活了全体人民。小镇变成有城墙的城市，而且金字塔出现了。最好的土地落入少数人手里，这些人，或者为了集体利益，或者只是为了自身利益，安排生活和其他可能的事情。1%的人拥有土地产出的1/3的粮食。对于那些感到不平的人几乎没有任何选择，因为没有这些粮食来源，他们就会死掉。

同样的两个后果，即拥有权和遭受饥馑，很快就遍及平原上的城市。还有第三样东西：盐。没有自然排水河道的平坦土地，在灌溉之后不久，盐分便集中在土壤里。当盐分接近地表时，小麦便受到盐害。确实，这些早期耕种的粮食生产，后来都转向种植大麦，因为大麦更耐盐。

也许，在此种情形之下，勉强吃饱的人就会回忆过去，渴望回到传说中祖先的土地，那时可以随便吃树上的果实。但是，时间太过久远，回不去了。

几个世代以来，橡树林的居民一直在使他们自己的土地变得越来越差。当他们为了获得薪材或者建筑房屋时，砍伐橡树，由于山羊啃食嫩枝，树木很难恢复生长。况且，人们越成功，吃粮食的邻居来得越多，人口增长，他们需要更多的橡树木材，不仅仅是粮食。最后，他们用橡树木材换取粮食，变得更为现代。

现在，平原城市向山地居民要求更多的木材。他们需要建设房屋、庙宇和围墙。他们需要木炭，首先用于锻造铜器，然后是铁器，制造陶器和玻璃。他们有很大的内部空间需要取暖。还有，他们被迫需要采集文化时期不必要的武器。

伊朗的扎格罗斯山区，人们在一万年前，在几周之内就可以采集到够他们全年吃的食物，而现在人们耕作小麦和大麦，艰苦度日，竭力维生。他们付出比其原始祖先艰辛百倍的努力，却获得更少的热量。山岭裸露，土地侵蚀。橡树几乎全部消失了。

等待我的地方
The Place that Waits for Me

在历史时代中，唯一存留下来的单一系列橡食文化，就是加利福尼亚的乡土文化。当 18 世纪晚期第一批欧洲人到来之时，橡食文化还是完好无损的，这些文化遗存流传至今。关于这些文化，并没有什么特别值得注意的或者令人难忘的，没有什么像大多数人所说的值得纪念的东西。这些文化没有任何平原部落的明显的高贵性，即切罗基族人（Cherokee）的明晰智慧或者霍皮人（Hopi）的文明生活。最初到来的欧洲人把土著人描绘成光鲜靓丽、吃得好而又懒散的人。"挖掘者"，即淘金热的移民，则称当地人善于寻找可食的和药用植物的根。尽管每种情形都是广泛采集习惯的一部分，使土著人比入侵者更好地适应这片土地的生活，但是这些移民觉得这种做法令人讨厌。几乎没有例外，土著部落欢迎入侵的欧洲人，而且毫无例外，土著部落都被征服了。

然而，有一个重要的事实：土著部落如此之多。在现在的加利福尼亚境界之内，至少有 100 个分散的部落，每个都有其自己的语言（至少是方言）、故事、宗教、风俗和领地。每个领地都是经典的垂直经济，有高山、山脚和山麓、积水的谷地和向部落贡献物资的分区。边界通常是依据某一特定河流的集水区确定的。小部落，常常是几个扩展的家庭组成的群体，居住在河边的小村子里，到偏远的地方打猎或者采集。部落至少每年一次将小部落召集到一起，庆祝世界的更新伊始，但是在这些庆祝活动中，跳舞、唱歌、服饰和场景在部落之间有很大的区别。

不过，实际上有一样东西是每个部落都有的，那就是橡子。每个领地在其山脚或者山岭片段都有橡树，采集橡实是部落生计的典型特征。其他采集的食物变化很大，从北部的三文鱼到南部的松子，但是橡子是所有地方的主粮。甚至可以认为在一个特定地区有足够的橡实，才能使部落定居，也就是说，橡树的分布决定着部落的多少。早期欧洲旅行者，根据妇女驱动杵杆碾磨橡子所发出的连续沉闷的撞击声，来分辨旅行当天离村子还有多远。

在整个加利福尼亚，秋季采收橡子是一年中的大事。常常是，整个部落全部出动，进入山地，在属于他们的树林附近搭建橡子帐篷。在加利福尼亚南部的卡惠拉（Cahuilla），一个家庭称他们的土地为 *Meki'i'wah*，其含义是"等待我的地方"。

爬树的老规矩是各种各样的，但是每个地方都是很有礼貌的。在加利福尼亚北部的文图（Wintu），如果你发现一株树，你认为是其他人没有发现的，你可以围绕着这株树贴上标志，你有权采摘树上的橡子。另一方面，如果你以前见过这株树，但是没有贴上标记，你就不能取下别人的标记，不能声称为你所有，你必须与人商量，付钱才行。在任何情形下，如果一株树特别大，你不能贪心地将整株占为己有。换一种做法，你可以在这株树上的一个分枝做上标记。

当一个部落到达橡子窝棚的时候，就会对不同的树木和树林分派角色，男人爬上树，把橡子摇落下来，妇女和儿童则捡拾地面上刚刚落下的或者以前掉落的橡子。（用新落下的橡子做最好的汤，白色顺滑，早些时候掉落的橡子做出的汤，色泽灰暗，不太可口。）一天完成两株橡树采摘是动作快的，因为一株大树可能会结出 300～400 磅的橡子。

并不是所有的人整天采摘橡子。男人们可能会打猎，猎取那些跟人一样被吸引到树林里吃橡子的动物。还有些人可能去收集木材，用来烧火或者制作踏板与工具柄。僧人或巫师收集一些橡树的球瘿，将其做成粉，用来治疗眼睛发炎或足跟受伤。树皮取下来做燃料，或者蒸煮提取黑色颜料，用于编织品染色。叶子取下，干燥以后，用来引火。

有些部落在树下就地去壳，有些则拖回到橡子窝棚。在这里，成年人围着篝火而坐，去壳，取出橡肉。有人用牙齿，先是竖着嘎吱嘎吱地咬嚼，然后再横着嚼；还有些人使用石头。还有些橡子，只是去掉外壳，完好地运回村子，长期储存。年轻女人把橡子串起来做成项链，孩子们用橡子做各种玩耍游戏。

人群在橡子帐篷里住上 2～3 个星期。第一天，至少有一个女人待在帐篷里，看着摊开晾晒的橡子。她不时翻弄橡子，以便干透，驱赶吃橡子的动物。尽管她没有参加采摘，但是可以一起分享收获。

回村的路很难走，因为每个家庭都必须搬运几百磅的橡子，还好，多是下坡路。在村里，橡子储存在枝条和藤蔓编织的箱笼里，表面涂满松油，内

一个正在剥去橡子外壳的加利福尼亚土著妇女〔梅里亚姆（C. H. Merriam），加利福尼亚大学伯克利分校班克罗夫特图书馆〕

衬月桂树叶，防止动物啃食。还有一些储存在用树皮衬着的坑里或者放入水中。在这些乡土文化消失以后，几十年来在低地劳作的农民，就像在东北地区一样，仍然在打捞这些沉入水下的橡子，半个世纪以后仍然饱满可食。

回到家里，生活又回到常态。每日白天，妇女用石臼将橡子研磨成粉。通常，一个妇女操作几个石臼。有些石臼在岩石底部有洞了，有一些她可以随身携带。她给石头加热，然后用锋利的石块把石头劈开。年轻妇女多半做研磨的活儿，年纪大的妇女筛分，把大小不同的分开，做汤、粥糊或者面包。（在研磨时不能唱情歌，因为歌词可能会造成臼杵折断。）在一个部落里，只有一个妇女和她的女儿们有权使用她的臼杵。当她死了的时候，会把她的一个石臼打破，翻过来埋上。

橡子经过研磨以后，妇女清洗橡肉，一般是在水下，用树叶围衬着，以免混入沙子。用冷水或者温水把橡肉泡上，浸出苦味的单宁。这个过程持续2个多小时。有些橡子，特别是山谷栎（*Quercus lobata*）的橡子，文图妇女要把经过清洗的橡肉，用静水浸泡，直到开始出现霉点。据说，有霉点儿的山

巨大岩石上的公用臼和杵〔梅里亚姆（C. H. Merriam），加利福
尼亚大学伯克利分校班克罗夫特图书馆〕

谷栎橡子面做出的面包别具风味。

很少部落清洗整个的橡子，整个的吃掉，而几乎所有部落都是用橡子面
做汤、粥或者面包。这三者之间的主要区别，在于混合物的稠度，最后的产
品则取决于女人使用石头和水的技巧。用来做汤，将少量粗糙的橡肉放入盛
水的篮子里。而后将热石头放入加热，使汤变稠。更细的橡肉，用同样的方

法做出果冻，如果可能的话，切成小方块，像坯子或吉露果冻一样分发。或者，可以热食，节日期间常常如此；人们用手指从一个公用盆里蘸取，舔食干净。橡子面包，常常是一道女人制作的最精美的食品，因为它需要恰到好处的面糊稠度，然后放在热石头上面的蕨叶上，再盖上调味品，再盖上蕨叶和泥土。面包要一整夜才能做好，第二天早晨就可以吃了。取决于所添加的风味剂，这样的面包可以保存好几个月。

1907 年，《国家地理》的梅里亚姆（C. H. Merriam）参加过一次葬礼，葬礼是在加利福尼亚州图奥鲁姆尼县（Tuolumne County）一个房子周围举行的。他报道说，为了让客人吃饭，厨师在盛大宴会前几天就开始准备，在一个直径 4 ~ 5 英尺的洗涤坑里洗净橡子。当葬礼开始的时候，他们已经准备好了 5 个巨大的篮子，每个盛满 1 ~ 2 蒲式耳①新鲜的橡子面糊。他们还准备了 50 条橡子面包。他估计，客人在两天葬礼时间内吃掉 1 吨橡子。

这个数量本身是令人吃惊的，但是对于我来说，这还算不了什么。而更美妙的，可能是后来的，也许是最后的，在加利福尼亚遍地沿袭下来的一项传统的实例，5,000 多年以来几乎没有改变。关于橡食文化的一件大事，就是它可以在至少一百种已经存在的独立文化中慢慢发展成熟。海洋、高山和沙漠保护了橡食文化，免受外来文化的侵蚀，温和气候保护了橡树，免于作为薪材过度消耗，于是加利福尼亚文化得以繁荣发展。

加利福尼亚文化是伟大的吗？用我们的标准衡量，不是。它们没有遗留伟大的里程碑。它们没有保护自己，不受最后到来的入侵者的伤害。在一定意义上，他们轻松自在，如同淘金热的勘探者感觉的那样，坦率地说，正是这些以贬义"挖掘者"自称的勘探者应该离开。他们寻求黄金，挖掘破坏了整个景观，与此同时，本地人生活怡然自得，对土地没有伤害。

尽管如此，即便是克洛伊波（A. L. Kroeber），这个将毕生献给加利福尼亚印第安人研究并且收集一切可能得到的有关资料的伟大的考古学家，最后也同意历史学家阿诺德·托因比（Arnold Toynbee）的见解，土著加利福尼亚人已经有了伟大的文化，因为他们的意愿几乎没有遭到抵制。

我认为克洛伊波犯了一个逻辑范畴错误。加利福尼亚印第安人文化，不是比其他文化更伟大或者不如其他文化，而是某种完全不同的文化。

1911 年，在加利福尼亚北部，一个孤僻的人在袭击鸡笼子时，被人捉到。

---

① 1 蒲式耳≈35.24 升。

他裸体长发，携带石头工具。人们扔给他一件旧外套，同时给加利福尼亚大学打电话。克洛伊波和他妻子西奥多拉（Theodora）出来，把这个人带回伯克利一起住下来。他名字叫伊西（Ishi），至今都没人知道，他就是他的亚希（Yahi）部落中最后一个活着的人。

西奥多拉·克洛伊波写的关于伊西和他们一起生活的书，是加利福尼亚经典文学著作之一。在这本书里，讲了许多故事，她详细地讲述了伊西和他们的许多故事与传说。

一个童话是关于一位老妇人的，她告诉她的女儿，"有个身体强壮，长相英俊的年轻人，我想让你嫁给他。"女儿拒绝了，尽管这个小伙子对她很感兴趣，直到她妈妈威胁她，要把她从家里扔出去。"我们怎么活着，"妈妈说，"除非这个人来为我们打猎，我现在太老了。"女儿同意了，出去寻找这个人，于是他们玩起了求偶游戏，她一次又一次地邀请和拒绝他，直到最后她答应嫁给他。"但是，听好了，"她对他说，"你必须去，请求我母亲同意。也许，她不想让你加入我们的家庭。"你会听见，几千年来围着篝火听这个故事的亚希人的笑声。你和我恰好同样大笑，同样理解这就是人类关系的方式。作为一个当代姑娘，又一次拿出这种方法，"他跟着我。我跑啊跑，直到我捉住他。"

这个故事中的妈妈，当然是很开心的。她描绘生活将会很美好，宛如锦上添花："他将过来与我们一起生活，给我们带来肉，我们给他做橡子饭。往后，生下小孩，你们将会有自己的房子，我会去看你们。你们看见我会很高兴，我回来时，带着满满一篮子橡子。"

很难构想一个故事，能更好地表达人们的愿望和对日常生活的理解。所有斗争前后，每一个人所寻求的恰似与情人、父母、孩子和朋友相处所感受的喜悦安宁。仅此而已。

最早洞悉到加利福尼亚橡食文化的外来者，可能从未吃过橡子。但是，他们穿着橡树皮单宁染色的靴子来的，吃着橡子喂养的猪肉，携带铁匠铺用橡树木炭锻造的铁制武器，使用橡树虫瘿制造的墨水写字，驾驭橡木舰船横跨大海。他们是永无休止的寻找者，就像当时如此之多的欧洲人，寻找新生活、新财富和新世界。

新来的人和土著人共享一样东西：基于橡树的繁荣昌盛。

橡树时代

THE AGE OF OAK

温莎，现在是伦敦的近郊居住区。女王睡在其中的一间卧室里。温莎城堡在那里。在我下楼吃早餐的时候，我的 B&B 旅店女主人，为我安排好了一天。她给我准备了香肠和鸡蛋，烤面包和煎熟的番茄，告诉我城堡开放时间。我告诉她，我要去那里看树。

"树？什么树？"她说。我不确定，她是不是没听懂我说的意思。

"老橡树，"我说，"就是那些遗留下来的老树。"

"啊噢，是那些老树呀！"她说，"那些树可能已经没有了。"

我出发了。

"不，不，"她纠正自己说，"我搞错了。他们想要拓宽 A332 公路，但是人们不允许他们加宽。就是因为那些树。"

A332 公路，从温莎直接通向外面美丽的开阔地，有一个大公园，公路两侧是皇室的大片地产。草地和树木伸向远方，展现美丽的风景。田野渐渐地在地平线消失。我看见远处几株宏伟的橡树。我希望那些树不是橡树遗存。果然不是。

古老的橡树就在路的右边，但是我没能一下子认出来。它们看起来不像树木，却像岁月久远的矿渣堆，笼罩在烟雾似的深绿色叶子里面。这些树向路的两侧延伸几百码①。过去一定是浓荫蔽日，覆盖林中小径，每株树都有 90 英尺高，树冠几乎同样宽阔，浓荫覆盖好几英亩。现在，最高的树也不过

---

① 1 码≈0.91 米。

温莎大公园里的一株古老橡树（英国自然博物馆供图）

30 英尺，有些只剩黑暗的躯壳，完全没有叶子。

　　它们曾经是多么美丽，这些古老的树木。走近一看，它们完全不是庞大的整体，而是鹿头状，空心，但是还活着。任何东西都不能与之相比，那些树干就像瞬间固定的火焰。巨大弯曲的金黄色的木材从条状开裂的黑色树皮里暴露出来，盘旋向上，扩开树洞和狭长的裂口。开裂的树干体积庞大，每一株直径都超过 6 英尺。这些树，满目疮痍，从树的顶端和侧面莫名其妙地发出许多巨大的侧枝，可以肯定，有些分枝重达 3 吨以上。

这是一个巨大裸露的木瘤，12 英尺高，其上仅仅有两个枝条。我觉察到，裸露的木材多么光滑，残存的树皮多么粗糙。我拔掉已经裂开的手指状的巨大木材碎片，发出沉闷的鼻音，嗵……嗵……嗵，通过树干的空洞发出巨大的回声。

这是一株树干上似乎有阶梯的树。在树的疖瘤和伤口愈合处之间，你可以走上树，宛如通过梯子进入充满被遗忘的宝藏的阁楼。

我这样做了。

这株树上还有 6 个大的分枝。当我爬上分枝中间时，我意识到，我完全隐蔽起来了，外面田野里的人看不见我。那时，接近星期六的正午。人们正在吃着马麦托薄饼，悠闲地品茶。我却坐在破损的古老的橡树上，一个人们看不见的地方。

我记得曾经读过的关于橡树的传说，苏格兰爱国者威廉华莱士（William Wallace）和他的 100 个伙伴藏身于一株大橡树里。难以置信，我曾想过。但是，从这一有利地点来看，显然，故事并非虚构夸张。一株生长在旷地，90 英尺高的橡树，"S"形弯曲的枝条向外扩展，从树干向外伸展 60 英尺，叶子向外伸到能够捕捉阳光的地方，真的是能够藏匿很多人的。我确信，即便是这株树干遭受毁坏，也能够藏匿 24 人。

然而，这些老树怎么能够一直存留在这里呢？这些老树可能是伯利爵士（Lord Burleigh）于 1588 年种植的，是在大公园种下的英格兰第一片橡树人工林的组成部分。当这些树种植下的时候，莎士比亚还是个年轻人。甚至过了几十年以后，这些树看起来像大树的时候，这些英格兰人才在树的前面拓宽一条路，以便保护这些树。

人们赞赏橡树，即便是濒死的橡树。在纹章标志中没有其他更常见的植物，橡树意味着坚强、品行良好和坚定可靠。在英国，用具有"橡树的心"来表达坚强和忠诚。对于希腊人来说，橡树是宙斯的树；对于罗马人来说，橡树是朱庇特的树。对于挪威人，橡树是托尔（北欧神话中的雷神）的树；对于凯尔特人，橡树是达哥达的树；对犹太人来说，橡树是上帝之树。希伯来的大预言家伊赛亚（Isaiah）预言以色列的救赎，这样写道，"他们将被称为正直的橡树，上帝的栽培，以展现他的荣誉"（Isaiah 61：3）。

在任何自然景观中，橡树都是守望者。橡树在天空的背景中呈现标记，即便不认识橡树的人，也可以根据它找到自己的路。橡树是整体形态的一部分，我们的眼睛看树认路。因为这般庞大稳定，橡树很容易被发现。在世界许多地方，橡树树干的空洞常被用作邮政信箱，人们在其中藏匿贵重物品。调查员用橡树做地标，排列树木成行，因为橡树持久。

老橡树的声望是如此之高，当它倒下的时候，人们常常会为其哀悼。康涅狄格州首府哈特福德（Hartford）附近的宪章橡树（The Charter oak），在1687年，殖民地居民为了避开英国士兵搜查曾经把宪章藏在树里，1856年，当宪章橡树倒掉的时候，人们曾经举行正式哀悼会，现在它仍然是州树。马里兰州的白橡树（Wye Oak）是州政府于1939年买下来的，作为以其名字命名的州立公园的中心。这棵树在2002年一场风暴中倒下的时候，树高96英尺，可能有460多岁，但在此之前，已经采用无性繁殖，使其得以永生。在彭赫斯特地区（Penshurst Place），英国肯特郡的悉尼（Sidney）家的土地上，有一株濒死的橡树，树干上仍有一个活枝，据说诗人菲利普·悉尼（Philip Sidney）曾于16世纪70年代躲避于此，寻求清净。

整个镇子似乎都住在这株考索普大橡树（Cowthorpe Oak）之下，当时是在英格兰存活下来的最大橡树——19世纪木刻〔罗干（W B Logan）收藏〕

慷慨大度和热情好客是橡树的高贵品质。在中世纪爱尔兰法律中，鉴于橡树身材高大、气质优雅和结实丰富，将其列为7株大树酋长之首。（未经批准砍伐橡树，承受严厉的刑罚。）公元前8世纪希腊诗人赫西奥德（Hesiod）

赞美橡树慷慨大度，称颂橡树赋予三种果实：橡子、蜂蜜和球瘿，而其他树木只能结出一种果实。菲力蒙是一个穷人，曾经庇护乔装旅行的宙斯和摩科瑞神。为了感谢他的热情好客精神，在他死后，神把他化作橡树。

残暴粗野，从来没有用于描绘橡树。亨利·戴维·梭罗（Henry David Thoreau）的确赞美过小灌木橡树，矮小，枝条刚硬，在新英格兰的树林里扩散生长，称它"坚硬如铁，洁净似气，勇敢美德，天真甜美，犹如少女"。他在一篇观察日记中写道，"我不因为我的盾形纹章中有灌木橡树而羞愧。"

坚强和自豪，也可能会给橡树带来悲痛。希腊和罗马讲故事的人很高兴讲述，克罗顿的麦洛（公元前 6 世纪的希腊摔跤能手）是他那个时代最强大的人，是一个不可战胜的武士，他能够一拳打死一头公牛，然后当场吃掉。一天下午，他在克罗顿附近的斯拉林中漫步，即意大利版图上靴子跟儿的地方，他走到一株树干插着楔子的橡树前，伐木者那天没来。他决定自己干完这个活。但是，当他把手伸进裂缝往外拔的时候，楔子掉出来了。橡树猛地咬住他的双手，把他拉向树木，那天夜深以后，狼群发现了他。拜伦勋爵在19 世纪初期改编了这个故事，把麦洛换成拿破仑·波拿巴（Napoleon Bonaparte），把那株坚定稳固的橡树换成不列颠。

对于橡树的赞美可以回溯到有记录的人类过去。一首中世纪的威尔士诗歌，《树木的战斗》，下面是罗伯特·格拉夫（Robert Graves）的译文，收集了有关植物性状象征的古代传统。在诗中，诗人想象参加战斗的树木，这样写道：

> *With foot-beat of the swift oak*
> 敏捷的橡树用脚踹
> *Heaven and earth rung*；
> 天地之间架梯来
> '*Stout guardian of the Door*，'
> 勇敢坚定的守门人
> *His name in every tongue.*
> 他的名字人人赞

很多含义，被一并写入这短短的 4 行诗句中。橡树是机敏的，它出现在需要的时候。橡树自我感觉顶天立地。（古罗马诗人维吉尔记录了这个错误的看法，橡树是唯一的树种，其根系扎入地下的深度与树顶上的枝条高度一样。）注意，后两行诗句有些令人费解：在所有具有印欧语词根的语言中，门（door）的名字都是从橡树（oak）的名字衍生而来的，door，tur，puerta，porte，这些字义为门的单词都是例证，全部衍生自 *duir*。假定，橡树是结实强壮的；还假定，门通常是用橡树木材制作的。那么，难道还需要"守门人"？

在古代的凯尔特语中，月份是用树木命名的。*Duir* 是进入夏至的月份的名字；*Tinne*，或者冬青，是冬至之后的月份名字。在英格兰，尽管这一传统系指真正的冬青（*Ilex*），但在早期欧洲大部分地区，落叶的和常绿的橡树生长在一起，而这系指常绿的大红栎（*Quercus coccifera*），即胭脂红栎（Kermes oak），其叶子很像英国冬青（两者都具有红色的"果实"，冬青具有真正的果实，而栎树常常长出红色的球瘿，是用于皇家礼服染色的红色颜料的来源。）这两个月份，当时都是起源于橡树的月份，前一个是落叶的橡树，后一个是常绿的橡树。

当上半年的月份结束和下半年月份开始的时候，橡树守卫年度之门。凯尔特人并不知道，其他树木还有落叶的和常绿的树种，从未注意到还有一个如此之大、如此多变和如此丰盛的树种。在整个上半年看到的是落叶橡树，下半年看到的常绿橡树。统而观之，它们是可以越过冬天的生命，重获生机的保障。在古老的传说中，橡树是由罗马两面神来鉴别的。橡树朝两边看，把过去和未来紧紧地系在一起，放进现在。

许多古老宗教仪式，似乎是按照这种意识进行的。詹姆斯·弗雷泽爵士（Sir James Frazer）的第一部和最有影响的关于欧洲传统的古老宗教仪式的著作《金枝》（*The Golden Bough*），声称重新构建了许多仪式，其中包括下一年度的对这一年度的"橡树王"的例行谋杀仪式。（书名所指长满黄绿色槲寄生的橡树枝条，弗雷泽假设，作为这一古老仪式的一部分，将槲寄生从落叶的橡树上砍下来。）至少有一个这样的仪式，在《高文爵士和绿衣骑士》（*Sir Gawain and the Green Knight*）这一中世纪的故事中，以文学形式流传下来。

一个从头顶到脚底裹着绿色的巨人，出现在亚瑟王在一年之中最短的一天所举行的盛宴的大庭之上。他手里拿着一个用冬青树叶包裹着的棍棒，还有一把巨斧。他允许亚瑟王的任何一个武士，一斧子砍下他的巨大的头颅，只要武士给予绿衣骑士以同样的权利，自此以后每年都这样做。高文爵士接受了这一挑战。

像说定的那样，只砍一斧子，他就干净利落地将绿衣骑士的头从身体上砍掉，只是发现巨人并不痛苦。拾起头颅放在臂弯里，巨人声明一年后再来见高文爵士，跨上马，扬长而去。

而后的一年，高文既表现出骑士风度，又显露出弱点，他忠实地出现在绿衣骑士面前，露出他的脖子。巨人利落地挥起斧头，但是在最后一刹那，他收回了斧头，只是割破了高文的脖子，流出血来。于是，高文站立起来。契约是砍一斧子，不能多砍。巨人并没有寻求第二次。反之，他赞扬高文勇敢诚实，让他走了。

非常可能，这个故事表述流传至今的古老的宗教仪式，涉及常绿橡树，即绿衣骑士，和落叶橡树，即高文爵士。一个整年保持绿色，尽管是在冬天，也不会冻死，但是，另外一个，尽管在冬天似乎死了，却被拯救过来，又活了。高文的勇敢、大度、献身和慈善拯救了他，概括地说，是他的骑士品格拯救了他。对于那些充分理解这个故事的人来说，这里所指出的橡树品格，正是人的美德。

这不是一种情感联系。直到上个世纪，人们才理解树木的生命，因为人们依存于树木。人们看见一株幼年橡树是多么坚韧不拔，是怎样一次又一次地萌生根蘖，尽管动物吃掉了整个枝条。人们看见橡树林内的单株树木之间，在叶子、芽和橡子方面所表现出的诸多差异，尽管每株树木都有其自己的名字和性状。人们注意到，一年之中橡树数次展叶，不只是一次或两次。人们观察到，橡树上似乎总有鸟类、动物、昆虫和蠕虫，而且不会死于这些动物。的确，森林里其余的树木似乎在向后退去，为更老的橡树留出地方，活像倒退至国王门口鞠躬的侍臣。这些人利用橡树的每一部分，从木材到树叶、树皮、橡子和球瘿。

人们知道橡树像什么，而且还想要像橡树一样。凯尔特人将橡树（Druids）看作立法者和歌唱家。尊称 Druid 由两个单词衍生而来，dru 的含义是橡树，wid 是"看见或者认识"。那些被认为适合于歌唱部落故事和解释法律的人，被说成"认识橡树"。

橡树知识
Oak Knowledge

西方文明的摇篮在哪里？多数人可能会说，在地中海。但是，如果我们是在谈论我们现在几乎全部处于其中的汹涌澎湃和跨越世界的文明的话，那么，其发源地就不仅仅是海豚翻滚的蓝色的地中海，而且还有波涛汹涌的灰色的北方水域，那里有捕捞鲸鱼、鲱鱼和鳕鱼的渔船。在这里，可以很好地学习到，橡树在相对来说不够宽宏的土地上必须具备的合作性、灵活性、持久性、共同性和慷慨性，以及橡树自身成为有助于人种成为人类的最基本的工艺材料。

我站在奥斯陆峡湾最北的边缘，眺望北海。那天很冷，前一年黄褐色的枯草和古铜色的灌丛在阵阵强风中发出嘶嘶的悲鸣。此时挪威北部正是二月，即便是正午时分，任何站立的东西都会在地面上投射出长长的阴影。我们已经走过了最后的树木，离开几英里远，我注意到一个地方有个标志，上面写着"驼鹿穿越"。这里没有橡树。所有东西到此都消失了。

没有值得一提的海岬和陡立的峭壁。土地逐渐地消失在水里。右面，我可以看见深深的海湾中参差不齐的礁石；此外，还有两三个形状不同，但是令人产生同样想法的东西。在左面，深深的峡湾伸展到瑞典，但是陆地伸得过远而看不见。浪端的白色泡沫看起来宛如白雪或冰盖做成的。

我走底下略高一点儿的地方，看见最后一片海滩。那是一片苍白色的圆形石头，最大的像保龄球，最小的像高尔夫球。但是从远处，我看见有些奇怪的东西。有人沿着整个海滩堆砌石头，最大的有 10 英尺高，75 英尺长。小的仅有 1 英尺高和几英尺长，连接起来像一条链子，有些严格成堆，有些成空心的轮廓。

全部都是船型。

我走出草地，进入石堆，几乎摔倒。这个海滩不仅仅是一层石头；那些圆形石头深入地表以下。我试图挖出来看一下，但是，我戴着手套的手，在接触到地表以下 1 英尺之前就麻木了。除了海水冲刷成的圆形石头以外，什么都没有。

对于文明起源这是个滑稽的地方，但它确是如此。"对于希腊人，庙宇是什么。对于维京人，舰船是什么。"约翰尼斯·布朗斯特德（Johanes Bronsted）在《维京人》（*The Vikings*）一书中写道。这些石头船，是在 4,000 多年以前青铜时代早期创作的，人们在数英里以外的海滩上就可以看见。在我站立的这个地点 500 英里以内，沿着奥斯陆峡湾曲折的海滩，有北海、波罗的海、爱尔兰海和英吉利海峡，于是，在这里我突然产生一种灵动，驱使人们第一次环游世界从这里开始，将地球紧密地编织成一个实体，如同现在我们很自然地看它一样。

布朗斯特德可能不只是增添了船只，还有家，也不仅仅是挪威人，还有所有那些把生命献给灰色大海的人。在一个孤单荒凉的突出的陆地和分离的群岛上，家，对于那些从大海归来的人来说，确实就是天堂。在北方，即便是女王也为其家庭编织，在宴会上斟倒蜜酒。招待客人并不降低女主人的身份。现代英语单词一多半自拉丁语衍生而来，但是古老的英语和挪威语中的房子（house）和家（home）是我们现在所用的单词。只有律师使用拉丁语的*domicile*。如果你曾经听过这个单词，你可能陷入困境。全新世气候的形成使得船和家非常重要，而橡树是这两者的最基本的材料。一万五千年前形成的冰盖的融化，立刻引发许多自然过程。曾经为冰的水现在流入海洋，于是海平面上升。过去几千年来都是可能的，连脚都不会湿地从法国到英国，从英格兰到爱尔兰，从亚洲到加拿大。

橡树做了，人也这样做了。大约 1 万年前，第一批殖民者回到不列颠，那时它还不是岛屿。他们是石器时代的人和落叶的橡树，即英国栎（*Quercus robur*）的祖先。人和树都沿着最广阔的海岸生活，海岸气候温和，有各种各样的食物，诸如贝类、鱼、野味、橡子和浆果等。

对于迅速变化的景观的记忆留在许多故事中。在莱尔（Llyr）女儿布兰文（Branwen）的童话《马比诺吉昂》（*Mabinogion*）里，可能是公元 11 世纪左右的第 1 次文字记载，但是所写的却是那时很久以前的事件，本迪盖夫兰（Bendigeidfran）领导的从威尔士到爱尔兰的一次探险，横跨爱尔兰海，当时爱尔兰海还是两条河流：

> 在那些天里，深水并不很宽。他淌着水。有两条河，莱河（Lli）
> 和阿坎河（Archan），自那以后深水变得比较宽了，淹没了王国。

冰继续融化，海水持续上涨；沿海地区在海水上升前逐渐地回缩。集水区被淹没了；群山变成岛屿；山谷成为峡湾；沿海平原变成浅海。森林被淹没了。不列颠成为岛屿，后来爱尔兰也成为岛屿。从 120 英尺深的爱尔兰海峡，9,000 年的老橡树现在正恢复生机，那些巨树直至树干长到 90 英尺高才开始分枝。在波罗的海被淹没的居住点，在熏黑的橡树树干上发现了燧石打火点。有一株在彭布鲁克郡（Pembrokeshire）沼泽地上恢复的橡树，直径 11.5 英尺。现在欧洲整个边缘地带都有英国人称之为诺亚（Noah）的树林，是古代森林的残余和沼生栎树的来源。

不仅是土壤，海洋也是年轻的。并且很浅。这曾经是几个天然深水港的陆地。不断抬升的水面切断了山谷通道，使得高处地面变成了码头。居住在自己土地上的每个家庭都必须靠船出行，或者修桥。他们需要一个坚固的、适用的、耐久的和完全独立的家宅。船只必须轻便坚固，能够抵达海滩。桥梁必须经得起多年的水湿和干燥。

全新世还影响了另外一个文明的摇篮，就是地中海。在20世纪最后1/4的时间里，海洋地质学家揭示，大约在公元前5,600年，升高的地中海海水冲垮了狭窄的博斯普鲁斯陆坝，靠近现在的伊斯坦布尔，海水突然灌进巨大的淡水湖，使之很快变成了咸水的黑海。（古时候的淡水仍然存储在海底。）这次洪水并不是神话，而是历史性的。它确实发生了。

当博斯普鲁斯破裂的时候，温暖气候和规律丰沛的雨水所形成的黑海沿岸所有的古老文化，全部被淹没。在两年时间内，咆哮的洪水每天以10立方英里①的速率灌入缺口。每一天，洪水淹没一英里曾经是肥沃的陆地。淡水生态系统毁灭了。旧的海岸线被淹没于新的海洋水下450英尺。沿海的人逃离了，失去了他们所拥有的每一样东西。就像现存的古老的文学著作美索不达米亚故事，《吉尔伽美什史诗》（*Epic of Gilgamesh*）所记叙的那样，上帝警告乌塔那匹兹姆（Utnaphishtim）："舍财保命！放弃财产，保住生命！"

有人相信，这一事件引发了移民，创造了美索不达米亚和圣经文明，驱离凯尔特人西去，然后向北到达欧洲。

无论向南还是向北，随着全新世发育成熟，人们总是去有橡树的地方。在希腊人保留下来的最古老的故事中说的是丢卡利翁（Deucalion）。就在大洪水之后，他攀上了多多拿岛（Dodona）上的橡树林，感恩并安全地逃离，建立了朱皮特的发祥地，一直持续到罗马衰落。

据说，从那以后，那片树林的橡树拥有了说话的能力；神谕解读了树叶的声音。当阿尔戈为詹森造好船，驶入新的黑海寻找金羊毛的时候，据说他使用多多拿的橡树建造桅杆和横梁。舰船的木材在危险临近的时候，会对阿尔戈勇士们发出警告。据说这是第一艘用木板制成的木船，而不是用原木直接挖凿出的独木舟。

全新世是橡树和人类的共同时代。在此之前，在记忆或者文化中，从未

---

① 1立方英里≈4.17立方千米。

有过诸如此类的事情，譬如搭建灶台、家畜养殖、建房或者造船。人科动物存在至少有 200 万年了，但是，他们只是在开始学习利用橡树的时候，人科动物才成为人类。

人类在一个温暖和鲜花盛开的世界，通过记忆、推理和技能的实践而成长。记忆可以推断材料，技能验证想法是否真实。技能启示使用手腕，记忆把它保留下来，推理则进行比较。人类的属性，诸如勇气、忠诚、耐性、刚毅、谨慎和诚实，这些能力在世界上建立起家庭的地方凝聚，于是属性锻造而成。

利用并且通过使用地球上的耐用材料，其中橡树是非常重要的，人类践行其各种能力，表现出优异品性，扩展、增长直至占领整个星球。从早期人类留下的遗迹来看，有证据表明人类和橡树之间有着密切关系。这是真实的，不仅仅是生活在得益于海盆保护的旧地中海地形的人，对于生活在西部和北部的人来说更是如此，他们忍受严寒的气候和冰冷的海洋。

在公元 10 世纪的诗歌体童话，《诗意的艾达》（*Poetic Edda*）——《雷金之歌》（*Reginsmol*）中，下面的对话表现出北部海岸风暴的力量：

> "*Who yonder rides on Raevil's steeds*,
> "谁在驾驭暴君的坐骑，
> *O'er towering waves and waters wild?*
> 让巨浪和海水发狂？
> *The sail-horses all with sweat are dripping*,
> 航行的骏马都在流汗，
> *Nor can the sea-steeds the gale withstand.*"
> 海马号大船也不能耐受狂风恶浪。"
> "*On the sea-trees here are Sigurth and I*,
> "希格斯和我在海树号船上，
> *The storm drives us on to our death*,
> 风暴把我们逼向死亡，
> *The waves crash down on the forward deck*,
> 巨浪砸在前甲板上，
> *And the roller-steeds sink*, *who seeks our names?*
> 滚滚巨轮沉没，谁来查询我们的名字？"

所有那些骏马和海树都是用橡树建造的希格斯和雷金的大船，在这场呼啸的狂风中，同样引人瞩目的是出现了对话的人。随着这个童话展开，丰了木头船，人才驾驭了风暴。

北方人从橡树开始，构建了他们的文明。即使一把磨光的石斧，也可以砍倒一株中等大小的橡树，插进干燥的橡木楔，然后裂开。只要橡树原条是在新鲜时砍倒的，林业工作者称其为"生材"，沿着明显的年轮线和径向射线，很容易劈开，做成走路的踏板和结实的木船。橡树原木可以锯成方形，加框，连接，做成结实的木头房屋。人类吃橡子做的食物，用橡子喂猪。的确，猪是从在树林里吃橡子的野生动物驯化而来的。

人类向他们周围的树林学习。人利用橡树越多，发现用橡树可做的东西越多。冰川时期以后，欧洲的森林里，椴树、榆树和山毛榉比橡树多，但是随着人类利用这些自然的木材，森林里的橡树百分比却增加了。其他树木用作薪材、桩柱、篱笆和编织，但是橡树的价值在于做更大的东西：道路、框架、门、栅栏、圆形木结构、木桶、棺椁、船只、单宁和墨水。定居的人类生活所必需的材料，都可以从橡树获取。

6,000 多年以前，人已经是林学家了。那时，人已经发明了萌蘖制度和标准，生产所需要的木材，对森林不造成任何破坏的生产实践。

标准，就是用树木生产建筑材料，无论是用于房屋、造船、桥梁、车床、木桶和车轴。橡树几乎总是人们想要的标准树木。橡树每 50 年或 100 年砍伐一次。其他树木（当然也有一些橡树）贴着地面砍伐，或者萌蘖的，每 5 年或者 25 年一次。待到新的萌条长到合适大小，人类可以获得日常需要的木材，如薪材、篱笆和桩柱以及做单宁的树皮。同时，可以对木材进行防腐和更新。

在有树的牧场，牛、绵羊和山羊可以在树木中间跑来跑去，农民学会了头木更新，即把树木在人的肩高处截断，代之以贴地采伐。使新的萌生枝条，免于被动物吃掉。

尽管橡树常被留下长成大树，但是有一个世纪左右，也还是采用萌蘖或者头木更新。橡树薪材也是一种最好的薪材。一堆 4 英尺宽 ×4 英尺高 ×8 英尺长的橡树木材，燃烧时能够释放出 2,300 万 BTUs[①]。即便是效率最低的家

---

① 1BTUs≈252.00 卡路里，可将 1 磅水的温度升高 1 华氏度。

庭炉灶，这也相当于 100 多加仑①的 2 号取暖石油。

当然，任何木材都可以投进火里。但是只有橡树可以燃起急需之火。遍及整个欧洲，在仲夏和深冬时节的仪式用火，或者在疾病威胁人群的任何时候，都会点燃"急需之火"。各地风俗习惯有所不同，一个地方必须是两个裸体男人点火，另外一个地方是两个男孩，不管怎样，总是要将一个橡树棍子，插入橡木板的钻孔里，转动使木材慢慢地摩擦起火。

这个"强制之火"（*teine-eigen*）是新年第一火，社区里的所有其他的火，必须由此点燃。一个姑娘从火上跳过 3 次，可能就会受孕；一头有病的牛，跨过灰烬就被治好了。第一个把火焰带回家的男孩，就会带给家里一整年的好运。第一火的灰烬能够避雷。

围圈占地是人类定居之所的首要原则，不仅是房屋，而且更是家庭，包括外部建筑、水井、场院和木头堆。橡树做篱笆和围墙，保护家畜和儿童，防范敌人。劈开的橡树板条钉进地里，用榛子和橡树林中其他树种的柔软枝条，编织猪弄不坏的围篱。把整个的或者劈开的橡木杆子密密地插进地里，用柳条将其捆绑在一起，做成称为"圆形丰碑"的标志物。

栅栏是仅次于薪材的最普遍的木材利用方式。中世纪时期，在法国对于罪大恶极的人的惩罚就是必须拔除其家宅周围的栅栏，并且永远不许重建。如果栅栏太高，必须安放横杆。

橡树可以做成通向沼泽和湿地的通道，栅栏保证安全。从新石器时代晚期，人学会了把橡树锯成木板，然后再连接在一起。最早的铺板桥，就是用这样的木板做成的，或者首尾相接或者并排铺放，榫卯相连，互相咬紧，形成更稳固的表面。

最初用橡树建筑的房屋和家具，就是使用卯眼和凸榫接合。卯眼是在一块板上仔细凿刻的洞眼，或者部分凿开，或者贯通。第二块板上的凸榫，也就是公片，锯切得合适，恰好放入卯眼。用这种方法，木材可以连接成四方形框架，实木相接，经得住踩踏承重。

用劈开的橡树树干制成的木板运输到世界。浴盆和木桶是用劈开的橡树做成的。织布机也是这样做的。在更北方，人们建造木板拼接的船，把长段橡木板接起来，接口用松脂防水。后来，维京人将这一手艺完美，利用橡树的柔顺弯曲性，交互用力，木材弯曲而从不断裂，做成他们的长舰和木船，

---

① 1 加仑≈3.79 升。

在大海里像鳗鱼一样穿过波浪，蜿蜒行进。

甚至橡树的球瘿都有用途。球瘿煮过以后，得到颜料，用于绘画和布脉染色，进一步可制作精美的绘画和书写墨水。橡树皮和黑栎的球瘿浸入水中，获取的酸类物质，用以鞣制皮革，制鞋、缰绳和马鞍。鞣制的皮革还用来制作牛皮纸，即北方最早的纸。

一万年来，橡树是形成西方世界的所有东西的最重要的来源。通过"橡树知识"（*Dru-Wid*），人类学会建设房屋，修筑道路，造船，制鞋，安放床架，制作马具和缰绳，马车和耕犁，短裤和制服，刀剑和墨水。远离恐惧与黑暗之地，橡树木材曾是人之生命维持者。

斯威特小路
The Sweet Track

假如 6,000 年前你生活在西欧，你不会比住在春天滋润的海滨沼泽生活得更好。那里有一个人可能需要的每一样东西。周围的高地和沼泽岛屿，有橡树、椴树、白蜡和桤木，住处、火和橡子。如果你清除林地，你就可以开辟空旷的田野，喂养牛和吸引野味。夏天，沼泽地边缘变干，成为良好的夏季牧场，可以收割芦苇，覆盖屋顶。最好的是，在深冬，对于一些人来说，可能什么吃的都没有，但是你有在沼泽水中捕获的鳗鱼和其他鱼类、野鸭和野鹅。食盐可以从近海的咸水晾晒得到，还可用来与外人交换重要的东西，譬如磨光的斧头。在沼泽地人们不可能遭遇饥饿。

确实，沿海沼泽等同于地中海和近东的立体经济。即使农业在西欧开始的时候，也只是对于现存的采集和狩猎广谱模式的增添，而不是生活的改变。谷物种植在高地，但是农业实践集中于家畜养殖：牛、羊和猪。这些恰好适合现有的采集文化，只要没有太多的动物。猪吃橡子，在空地上放牧牛和羊，所有粪便维持土壤肥力。

但是，生活在沼泽地有一个严重缺点。如果你想到哪里去，必须绕路而行。据我们目前所知，没有值得提及的村庄。住户各自占有一块宅院，一般是在排水良好的砾质岛屿或者高地的边缘。拜访邻居很不容易，即便都是住在挥手可见的范围之内。

公元前 3,807 年的春天里，有一天，一群邻居，可能不到几十个成年人，所有人被告知去搞一次活动。他们有很好的斧头，已经不是中石器时代和旧石器时代的石片斧头，几下砍不好，石头薄片就会坏。薄片的燧石斧头脊背很小，容易脱落，出现缺口，裂成两半。住在位于现在的英格兰东南沿海萨默塞特郡平原区的人们，不用这种讨厌的不可靠的工具。他们拥有磨光的石斧，手工研磨下层为砂质的石头薄片，直到切割面整齐闪光。

如此美观实用的工具成为人们最想要的东西。斧头的光滑保持多年，并且拿到很远的地方买卖。一把斧头，可能被故意地作为礼物遗落在萨默塞特平原的沼泽，被当作翡翠从欧洲中部高山的山脚下带回。在以后的新石器时代，这样的斧头是贵重的时尚物品，有些甚至作为胸针或项链来佩戴。

追溯原因，并不遥远，假如我们看一下那些公元前 3,807 年住在萨默塞特郡平原区的家庭。手里拿着斧头，他们决定在房屋之间延伸一英里的浅水上面架桥。为了架桥，他们开始砍倒赤杨、椴树和年幼的橡树。他们把伐倒的树拖拽到沼泽地，用较细的原条铺设两条平行的小路，先做道路的基础，然后为做工的人铺设粗糙的路面。他们把又长又直的原条从一个干燥的地方铺放到另一个干燥的地方。

然后他们砍出木桩，又圆又结实的幼树的树干，多是赤杨。由于木桩大小整齐划一，很有可能，这些人已经应用萌蘖更新制度，倾向于从阔叶树的树干基部砍伐，等过了 7 年、10 年或 20 年以后，再行砍伐已经长起来的新树。他们把木桩放置成"×"形；底部深入泥土下面，交叉点形成木桩直线，结构稳定。

为了修完道路，他们可能做一些以前从未做过的事情。他们用斧子从原木的大头劈开，然后用木槌和干燥的木楔，把一半儿或 1/4 的橡树劈成窄片。他们能够这么做，是因为橡树有明显的射线。射线可以使木材直线裂开，射线就是与树木年轮成直角的细胞线条，如果你仔细观察，可以学习识别木材纹理。

这种劈开木头的刀法一直沿用下去，直到不再有半个原木，劈成 1/4 原木或者其他形式的原条。他们开始有了板材，有些可以达到 15 英尺长和 3 英尺宽。

这些板材安放在"×"形木桩上面，做成平面，家人可以在上面安全行走。当一块木条似乎有些不稳的时候，工人意识到应该在板条边缘开槽，用斧子与纹理垂直方向砍下去，去除木屑，插进榫头，用木桩支撑插进泥土或者嵌入支撑的"×"形木桩。

　　你我都生活在所有东西都是矩形平面的世界里。你在阅读的书页是矩形平面，当你合上书的时候，书是平整的矩形。你的前门是矩形的，窗士也是如此。房子的框架，无论是木头的还是钢的，也都是一样的矩形，还有你砌烟囱的砖也是矩形的。你的壁橱里折叠的床单也是平整的矩形，更不用说桌布、手帕，还有衬衫、裤子、夹克衫和套衫，全都是平整的矩形。写字台、墙上的木板条、地板条，莫不如此。道路和桥梁扶手都是这样。

　　在公元前 3,807 年，到那些人修完他们的小路的时候，唯一的直线和矩形的东西就是水体，很漂亮，但是如果你试图切一块下来，无从下手，一些石头和地形，也很美，但是你也弄不走，原因恰好相反。（不是那些石头没被试过，就像一些古墓和巨石阵。）没有别的什么东西，在那时看起来就像现在的一样。这些人没有进入树林中，躲避那些人造物体的出现。他们正把这些最早的人造物体，带出自然界。

　　我们的世界从他们的行动中诞生。一个名叫斯威特的人，于 1973 年在泥炭沼泽里发现了这条小路，所以叫作斯威特小路（Sweet Track）。那些无名者与其家人，花了一年时间砍伐和运送木材。他们只花了一天时间就全部建完。

　　斯威特小路用了 10 多年。但是，接下来修的路很长，贯穿萨摩赛特（Somerset）和北欧低洼地区，已经 3,000 年了。这些是最早的桥梁和公路。

　　在人们使用这条小路的年代里，向外抛出很多东西。或许，这些东西是留下的礼物，或许是偶然留下的。无论如何，这些东西告诉我们，那时人们做了什么和珍视什么。一个装满榛子的罐子显示，农民还是采集者。她是越过小路给朋友送榛子去吗？她是为了这条小路，带着榛子去感谢湖夫人和她的朋友吗？

　　一个用橡树雕成的盒子是另一个手工艺品，从其外观来看，雕得很精细，用来装斧子，因为在盒子不远处有一把手柄。这是做工的人偶然丢失的嘛？还是留下的？一把斧子对于人来说是多么重要，如果把斧子安全地保存在雕琢的木头盒子里？

　　第三个手工艺品是孩子的玩具，也是用橡树做成的。虽没有绝对的把握，但玩具很可能也是一把斧子。

圆圈和射线
Rings and Rays

每当提及史前不列颠的时候，人们首先想到的就是巨石阵（Stonehenge）。人们也许把它看成穿着长袍正在摆设祭品的德鲁伊特人，也许把它看成是原始的天文观测，准备标识季节和星星。人们很少意识到的是，巨石阵并非独一无二。它只是被统称为亨吉斯（henges）的大量的环形历史建筑遗迹之一，在英国至少已经发现了 48 处。一项航空普查显示，可能还有更多。所有的亨吉斯都是建于新石器时代晚期或青铜器时代早期，在公元前 2,500～2,000 年之间。

已经发掘的亨吉斯，多数是大部分或者完全使用橡树木柱，竖着固定在地面上。那些在新闻中宣传的都被赋予新奇标致的名字，诸如巨木阵、圣所或海巨阵，但是，多数都有确切的考古学家的地点名称，譬如杜灵顿墙Ⅳ号，或者芒特普莱森特发掘点Ⅳ号。多数由 6 个或者更多的同心圆组成，同心圆曾经是高大的橡树木柱构成的。由于它们是在干燥的土地上，不是在沼泽或是湿地，经过很长时期橡木立柱才腐朽，残渣留在洞里。这些环形亨吉斯上面是否有顶棚，尚不得而知，尽管有些立柱垮塌之前明显向外倾斜，说明屋顶的重量可能加剧了垮塌。

在这些纪念碑的大门口或者里面的特别之处，发现一些与新石器时期生活相联系的手工艺品：鹿角、人骨、燧石刮板、碎片、斧头和白垩雕刻球、猪和牛的骨头、箭头和陶罐碎片。陶罐几乎是典型的格罗夫陶器，导致考古学家理查德·布拉德雷（Richard Bradley）在《交战》（*The Passage of Arms*）一书中做出假设，这些亨吉斯是由当时住在英国的一些特殊人群建立的。

很明显，建立亨吉斯的这些人，带来了他们生活中的所有产品，包括食物、工艺品、狩猎工具、挖掘工具、砍伐工具，甚至连死人的骨头，都放进了这座环形纪念碑。然而，最受赞美的手工艺品，还是这些纪念碑本身。

这些亨吉斯，在概念和实施上远比斯威特小路更加复杂。它们之所以复杂，不仅仅在于建筑，还在于使用。这些同心圆，常常是互相补偿，因此从外面很难走直线进入建筑物的中心。即便是具有十字形通道的亨吉斯，通向中心的直线通道常被桩柱或石头挡住。很明显，这一想法就是使人在其内部迷失。要想走进来或走出去，必须绕来绕去。

亨吉斯只发现于不列颠，然而，它却与在欧洲和地中海地区大约同一时期出现的其他图标的形状相似。在不列颠，岩石艺术开始不仅仅是表现世界上的事物，而且还有怪诞的同心圆模式，类似于现在一个人在精神恍惚状态下看见的东西。这些形状和模式被称为眼科内视学（entoptics），因为只是在眼内产生的图像。（有时候就像你凝视光亮的物体，然后闭上眼睛所出现的圆圈。）在地中海地区，迷宫就是肾型绘画，也就是说，是内线弯曲的肾脏形状，涂鸦或者绘出来的。这也是一种不能直接穿过的形状，而必须探索，通过许多迂回。

环形纪念碑的设计，与自然界中的一样东西具有很强的相似性，即橡树原木的端切面。年轮模式和半径射线显示出直线和曲线的混合。用橡树来解释这一知识的复杂性，具有说服力。你可以把橡树原条劈成两半或者4片，还可以利用射线，沿着年轮锯成木片。如此之多的变化来自于一个坚实物体，其组织模式令观察它的人产生深刻的印象。

人类思维通过手工操作产生的知识而成长。通过采伐橡树、制作斧头、锯切木板、做平底船，更不消说制作陶罐、牛的驯化、弓和矛的制作技术、采伐森林和萌蘖更新的创造，人类与自然的关系已经发生变化。人类不再仅仅从自然界获取物质，他们还在不断改造所获取的东西，使之变得稳定有序。

为了制造，他们必须想象。为了想象，他们必须制造。在思想和制造之间，我们所认知的世界便形成了。思想使实践成为可能，而实践拓宽思想。无人知晓，木板的想象是否产生于第一块制作之前，亨吉斯的形状，是先构想出来的还是先观察到的？想象和制造一起不断增强。

关于亨吉斯，重要的是魔幻迷宫，就是那些你转来转去通过的内视圆圈。它们是内部环境，是一个只有你和你自己的地方。它们是思维的丰碑。

有些人认为，这些形状暗示深奥的探索，但是对于我来说，很明显是庆祝人类思维的成长，也就是，人类理解和运用思维能力的成长。他们承认具有内在思想境界的真实的人类信念及对于诸如天气、生命和死亡等各类事件相交织的外部世界的反射思考。这些形状代表很早以前就开始了的和现在仍在进行的，人种动物在人类化过程中的里程碑。

后来发现的海巨石阵是奇怪的，工艺上不是圆形的石头结构，这种观点得到有力支持。曾经位于诺福克近海咸水沼泽里的一块高地上的一个纪念碑，是由一个距离较近、劈开的橡树原条构成的圆圈。橡树木材腐朽，很久以前就已经倒掉，上面有碎片残留。这些碎片大约8英尺高。直到1998年，这个纪念碑仍被保存在北海浅水下面。

这些劈成两半儿的原条竖立起来，带树皮的一面朝外，劈裂的一面朝内。原条之间不会挤压，进入只能从一个原条的分叉地方通过。在某种程度上，这个海巨石阵似乎就是一个圆形房屋的遗迹，但是在那里几乎没有发现住宅的残迹。相反，在圆圈的正中心有一个很大的橡树伐根，底朝天，树根向上张开，有序的向外辐射，形状扭曲。

由此产生一种假设，这个纪念碑代表了设计更为精巧的亨吉斯的缩影。橡树的树干本身启示有多条射线和圆圈，分叉树根暗示运动的混合模式。作为更正式的亨吉斯，它可能提出一些同样的问题：我们的内心世界是什么，我们受限于何处？

400 万片木材
Four Million Pieces of wood

英国最大的沼泽，位于剑桥郡彼得伯勒附近。4,000 年前，这片沼泽大约占据 100 万英亩。沼泽容纳洪潮和两条河流之水以及泉水，尤其是，对于放牧的农民来说，它是一处水草丰美的自然景观。在干燥的土地上，可以收获木材，种植谷物。草地可以收割良好的干草。靠季节性洪水灌溉的平原，成为优良的自我更新的牧场。从湿地获得覆盖屋顶的芦苇茅草、蜗牛和各种小食物；偶尔在干旱年份，这些土地可以放牧。从水里捕鱼、鳝鱼和各种大型野禽。居民至少能够吃到鹅、野鸭、鸬鹚、鹈鹕、鹭、疣鼻天鹅、黑雁、各类鸭子、海鸥、苍鹰、秃鹰、鹤和乌鸦。

但是，他们首先吃牛排、猪排和炖肉，因为他们饲养大量的家畜，主要是牛和羊。有证据表明，有一个围场系统和紧密围绕沼泽的饲养场，这促使弗朗西斯·普赖尔（Francis Pryor）于 1971 年来研究这块地。当他和团队确定边界沟渠，挖掘到青铜时代的土层时，他们揭露出以前从未发现过的最精心的古代家畜饲养体系。田地和围场是成形的，安排得井井有条，跟现代家畜饲养场的设计一样。

将畜群从季节性干燥的田地赶出来，围进牧场。有许多挨在一起的饲养场，动物可能四处乱窜，在带有边门的场地里把雄性挑选出来。雌性被赶进一个漏斗状的场地，现在叫作"挤压场"，然后进入一场必须单列通过的比幕。渐渐变窄的设计，可产生使紧密成群的饲养动物镇静的作用。另外，通过长跑比赛可以进行一个一个地挑选。在跑道的远端是一个二门系统，供饲养员把幼年的、育种的和淘汰宰杀的分开。

这个系统不是运用于少数动物。设定的规模可以接受多达 2,000 只牲畜。供水设计显然不是为了长期养活大量牲畜。这也不是小的家庭场地，而是一个很多农民相遇，交换牲畜，交谈和一起吃喝的地方。它也可能是社区饲养场，就像那些北欧人（和美国人）吃大量肉食的偏好的诞生之地。它是一个吃得起大块牛排和猪肉的富裕标志。在许多地方，今天仍有遗迹。

1982 年的一个傍晚，在 11 月一场寒冷大雾结束的时候，普赖尔和他团队里的同事一起沿着堤坝散步，被从普通排水道底层挖出来的木片绊了一下。他诅咒了一下，然后从地面猛地拉出这片被遗忘了的中古时期的闸门材料。他观察到，这是一片撕裂的橡树。他很好奇，滑到沟的底部，他又被细一点儿的桩柱绊了一下。他又从地里拔出观察，也是橡树，令他吃惊的是，感觉太轻，不大可能是橡树。

抬头往上看，他估算他站立在沟里多深的地方。他很清楚是在罗马-不列颠时期土层以下，意味着这片木头很可能是青铜时代的橡树。

11 月下旬的沼泽地寒冷潮湿，他觉得这件事留待以后进一步研究。他们在四周挖掘，很快看到更多的橡树，包括一块上面有方形洞眼的长木板条，另外一块被锯切合适的橡树板条的末端穿透这个洞眼。这一发现使他们感到激动，因为这意味着无论他们发现了什么，至少是这个物体的一部分在被做成的原始地方。

它是什么？这个问题渗透在普赖尔的头脑里。他认为，可能是青铜时代跨越沼泽的小路，青铜时代的不列颠人熟知的、曾祖父时期的、几百英里长的、纵横交错的斯威特小路的一段。尽管如此，想起来就会激动，他们已经发现了一条通向某个地方的小径。通过寻求，他们也许能够发现，在这片土地上，人们过去是如何生活的。

首要任务是找到小路的边缘。这或许可以为他们指明小路的方向。几天后，尽管天气阴雨潮湿和寒冷结冰，普赖尔和他的 6 位同事，携带 6 把铲子回到这个地点。他们开始在前面发现的位置铲除泥浆，期望在小路两侧几英尺范围内发现边缘。然而，小路似乎没有边缘。

普赖尔派出同事搜查这一区域。右边 60 英尺，其中一人发现另一块橡木板。相反方向 9 英尺，还有一人寻搜出更多的橡木板。所有挖掘的人，都报告在预期深度发现了木头。这个结果出乎意料，但是，从没有人听说过，一条踏出来的路会有这么宽，同时向着不同方向展开。

继续搜寻。收到更多的报告。木头。木头。木头。还是木头。

实际上，在接下来的 10 年中，他们继续挖掘，直至最后，他们发现的东西的规模前所未见。原来是一个当时处在沼泽中间位置的人造岛屿，面积有 5 英亩半。整个岛屿都是用木材建成的，多是建筑用的橡木板材，两侧加固支撑的多是赤杨圆木。

但是仍有许多谜团。正如当时挖掘资金的主要提供者英国遗产拯救考古学检察官杰弗瑞·温赖特（Geoffrey Wainwright）说的，"似乎非常重要，但是，它是什么呢？"

而且，这个岛屿绝对不是唯一的东西。从天然海湾的两侧，都有小路通向岛屿。两边是普赖尔来研究的密布的家畜饲养场，小路至少与一条主要公路相连。但是，与这些小路连接的有 5 条直立的桩柱直线，直达沼泽末端。至少 2,000 年了，桩柱的直径大小从几英寸到 1 英尺以上。它们大致呈 5 条线直立在沼泽里。第一条线主要是赤杨木头做的，大约是在公元前 1,250 年做的。其余的是在后续的几个世纪里放置的，大约是这个地点投入使用和维修的 400 多年的时间里。

一条或者更多的桩线，放置的位置相对较宽。在这些直线的后面发现同样长度的圆木块的大小不同，说明这些桩柱可能用泥笆墙板连接的。这就是以后 3,000 多年以来英格兰筑墙所使用的材料，由小木块、枝条和后来劈裂的橡树圆条组成的格栅，上面放置泥巴。其作用是防止墙倒塌，不让外面的水流进沼泽。

这项建筑的支柱是紧密排列成一条直线的橡树树干，大约建于公元前 1,000 年。这堵墙在整个长度中只有一两处破损，朝向海湾的一侧是橡木板铺成的小路，基础是采用圆木做的。在小路的另一侧，是排列不很紧密的树干直线。大致在同一时间，一条不规则的树干排列成的大致的线条，向空旷的沼泽倾斜，位置超出小路的范围，在这个不规整的线条之外，是另一条与泥笆墙连接的整齐的桩柱线。

总的来说，这个木质岛屿、小路和旗子沼泽的桩柱是由大约 400 万片建筑木材构成的。相比之下，埃菲尔铁塔只有大约 18,000 个建筑构件。不管它是什么，这座青铜时代的纪念碑都是重要的和精心制作的。

大量证据表明，人们在那里举办盛宴，包括许多丢弃的羊、牛和猪的骨头，但是没有任何日常生活的东西显示有人在此居住。另一方面，大量物体被丢进沼泽，可能从岛屿、小路和周围的海岸。通常，物体在被扔掉之前就被打碎了，或者遗弃的只有复杂的物体的一部分。

实际上，所有这些物体都是工艺品：一组叫作鞍磨（saddle querns）的研钵（没有一个带有石杵）、弯曲的铜剑和一把青铜剪刀、弯曲的锥子、胸针、锡轮和耳环、折断的肉钩、破刀、半圆凿子、断了一半的铜斧、磨光的贝壳项链、箭头、匕首和破罐子杯子。为什么？

肯定地，这些东西都是祭品。考古学家常常提到一个最著名的例子，扔进水里的一把剑，即亚瑟王归还湖上夫人赠予的亚瑟王神剑，他们还指出一个从新石器时代到青铜时代和铁器时代都没有打破的传统，把珍贵的东西扔进沼泽、湖泊、池塘、水井甚至河流。数不清的东西。确实，旗子沼泽的木质建筑，很明显地证实了 400 多年以来的这种做法，直到最后水位升高，淹没了这些小路和岛屿。即便在当时，人们继续从沼泽边缘或者河岸扔东西，持续了 1,000 多年。

在这项历史悠久的传统中，我们中的每一个人几乎都是遥远的参与者。有谁没有往井里或池子里扔过硬币，同时许愿，看着硬币下落打转儿，最后落在哪里？还有很多事与古代相联系，甚至流传到 21 世纪。直到现在，仅仅在爱尔兰，就有 3,000 多处"神圣的"井、泉、池、沼。服装、饰针、珠宝、纽扣、搭扣、胸针、硬币和小石子，常常扔做一堆或者挂起来。

许多有关水井和池塘的故事都包含一个仪式，在仪式上用水冲洗家畜或至少向家畜洒水。例如，直到 20 世纪初期，男人和女人仍然在帕德斯托叛徒池边举行庆祝，骑上木马跑过镇里的街道，然后在池边喝一杯。喝酒唱歌之后，人们开始从池中取水和泥浆，互相泼洒，到了晚上，就像一位观察者描写的"以狂欢和放荡结束"。这样的仪式，可以回溯到 3,000 多年以前的旗子沼泽文化，或者进一步到新石器时代的习俗。

但是，在旗子沼泽的主要祭品，就是留在水中的主要物件，还是纪念碑本身。的确可能，一部分桩柱线和平台本身是相继放置的祭品。在那个地点的树木年轮研究显示，木材是就近砍伐的，全部是为在旗子沼泽使用而加工处理的。

旗子沼泽的木材建筑作为投入水中的祭品，是人们能够出示的最好的橡树工艺品。尽管不能确定，各种各样的木头在那个时候是如何收集到一起的，但有很多证据表明，那里的制作者已经是木匠了。他们已经发明了基本的榫接，使得任何建筑、家具或者车船能够承重站稳，抵御风暴。

对于我们来说，结构是第二个特性。的确，我们走到野外，以便躲开那些总是看见的被设计和建造的东西。但是，建筑物在铜器时代是新的东西。简单地把木头敲进地里或者把木板放在棍棒上面可能曾经是很难的事，但是把一块木头与另一块木头稳固的连接在一起也是重要的。

使用铜斧准确地制作榫眼，比过去使用石斧，容易多了。仍然使用木楔子将橡树径向劈开，用同样的楔子细心地沿着切线方向劈开，获取较宽的木板，但是横切需要一把锋利的铜斧，用铜凿子清除木屑。考古学家的附有插图的发掘出的木材目录是一部榫卯选集，包括圆形的、椭圆形的、开有槽沟的和方形的，并附带相应的榫舌。

这里是搭接、嵌接和壳体接头的最早记录之一。这些接头儿在任何木工中都可以用于转角和末端对末端，因此结构可以比最长的单板还长，屋顶可以竖立起来，结构得到斜向支撑，不会坍塌或风倒。

这些长期堆放的橡木板，很难看出像什么，完全不像金字塔或者万神庙，但是具有同样的重要价值。这里是 3,000 多年的橡树接榫，用于建造房屋、桥梁、床、椅和船。但是这些东西，现在几乎都不用木材建造，更不用说使用橡树，但是仍然使用最早用橡树创造的榫接原则。即便是宏伟的史前砂岩巨石柱，也是用木匠的榫接方式连接在一起的。

巴吉尔鲁斯特伍德

Bargeroosterveld

一个新石器时代的人，看见或者想象，从橡树树干上取下来的一块木板。离开自然，他做了一个平板。青铜时代的人们，通过制作直立挺拔的橡树亨吉斯来探索圆柱体，通过修筑小路和平台研究矩形物体。但是，利用这些橡木桩柱和横梁制作开放的实木立体框架，这是在自然界中从未见过的，是在想象中前进一步。

在荷兰东部德伦特省（Drenthe）埃门（Emmen）附近的巴吉尔鲁斯特伍德（Bargeroosterveld），泥炭挖掘者于 1957 年发现这样一个进化证据。东西很小。整个结构可以放进一个直径 13 英尺的石头圈内。不过，它是一个橡木制作的框架，大约建于公元前 1475 年，它包含建房和后来 3,000 年间用橡树木材制作的其他东西，所必需的各种木工接榫。不仅如此，它还非常精美。

它有一个橡木板的矩形底座，放置在沼泽的表面。还有立柱，每个高度7~8英寸。制作者把这些立柱边缘做成方形，所以看起来好像在木材堆置场买来的4×4的柱子，但是下面削尖，插入底座的开槽里。不过，里面的4根柱子不是方的，而是圆的，也是固定在底座上。

4根横梁，把所有立柱的顶端连在一起，形成矩形框架。每根横梁都是方形，但是末端削成上翘的拱形，所以整个结构呈现角状或像翅膀。在每个角上，3片橡木交汇一起：一个立柱两根横梁。这三根木头必须切削，固定在一起，形成一个单元。无论重力还是风力都不能使其倒下。

你可能会猜测，这到底有什么了不起的？什么都不是，就是一个木头框架。你必须做的是把立柱削尖，底座打孔，立柱插进底座，横梁也是如此。当然，如果你想把它做得经久耐用，必须做成"V"形，一半儿穿进横梁，立柱顶端与横梁结合在一起。否则，一碰或者风一吹，你的矩形就变成了平行四边形。

类似的话，2,000年以后的意大利建筑师布鲁内莱斯奇（Filippo Brunelleschi，1377—1446年）也说过，他拒绝向建筑委员会交出他的佛罗伦萨大教堂设计图。他最后同意，如果该委员会能够把鸡蛋立在桌子上，他就给他们看设计图。

该委员会的每个成员都试过，建筑师看着，没人取得成功。承认失败以后，委员会要求建筑师布鲁内莱斯奇展示他的绝技。他敏捷地敲掉鸡蛋底部的蛋壳，把剩余的部分立起来。

"啊噢！"他们叫起来，"谁都能做！"

"是的，"建筑师回应，"但是，你们谁都没有想到。我的设计也是如此。每个人都没有想到，但是我想到了。"

你可能会说，这个青铜时代的小凉亭，远非宏伟的大教堂，但是他们的原理是相似的。每个看起来都是视觉的形象思维，那么如何在空间实现。橡树，因为用不同方式都能可靠地切削成形，才有可能做成这个在巴吉尔鲁斯特伍德发现的框架。

这个结构是做什么的？

基座的模板大致南北朝向。在两块木板之间，东西两侧用了4根直径12英寸木条和劈开的橡木封闭。在承重的立柱内是单一的长方形，这引导考古学猜测，这可能是桌子腿，桌面已经腐烂很久了。考古学家推测可能是在葬礼上使用的，遗体暴露在桌子上面，鸟儿啄食，直至剩下赤裸的白骨。

但是，他们未在发掘地点发现人类或动物骨骼。也没有发现任何"仪式遗存物"，或在沼泽所发现的祭祀时丢弃的物品。他们所发现的全是大量的木片，表明橡树木材是就地成形和做完的。而且，横梁末端的翅膀要很费力的才能折断，说明这个结构是被故意毁坏的。

巴吉尔鲁斯特伍德（Bargeroosterveld）橡木框架的整体外观〔荷兰考古学家塔林·沃特博尔克（Tjaling Waterbolk）供图〕

也许，它根本不是为使用而制作的，而是用作祭祀。当这个端庄的建筑竖立起来（并且损毁了）的时候，埃及的吉萨金字塔已经存在1,000多年了。大金字塔大约481英尺高，而在巴吉尔鲁斯特伍德的这个东西，就像一个高个子人的高度。金字塔歌颂权力。经过挑选的、充满智慧的和天赋异禀的人指挥他们的奴隶搬运、打磨和切割。巴吉尔鲁斯特伍德的建筑，赞美人的双手创造美的能力。不需要奴隶去竖立它。自由人能够而且遵照那个时代的建

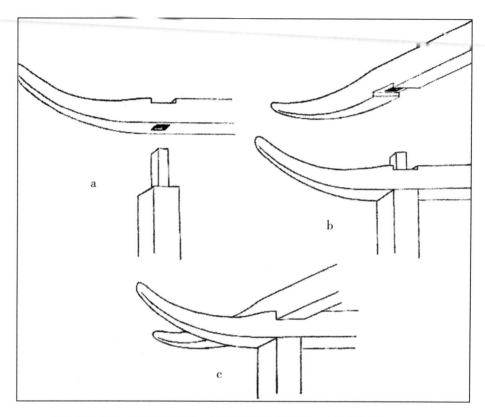

将框架固定在一起的榫卯接头〔荷兰考古学家塔林·沃特博尔克（Tjaling Water-bolk）供图〕

筑传统把它建起来。

但是，似乎也是巴吉尔鲁斯特伍德的建造者毁掉了他们的创造物。在人类中，感谢赐予的长期传统，通常包含祭祀物品的毁损，部分原因是，确保物品不被拿走或者再用。只是用这种方式，旗子沼泽的物品才被弄弯或折断。有人还会想到西藏喇嘛用彩色沙子做的庆祝绘画沙曼陀罗（Sand Mandala），画完之后马上擦掉。

用世界上耐久材料制作框架，是一项决定性的人类活动。这种行为奉献给神，神的名字几乎是不重要的，总是会被遗忘的。但是，你可以看出为什么在人的记忆中，橡树受到尊崇：它是西方第一个经久耐用的材料，一个人可以将其转变成头脑里曾经见过的形状。

德埃萨
The Dehesa

森林似乎是永久的和自然的。几乎不是。至少是 6,000 年以来，男人和女人已经把森林塑造成形。根据我们对森林的认识，森林是手工产物。

修筑斯威特小路的人已经在砍伐萌条，一种沿袭至今的重要的森林经营实践。产生萌蘖，就是把阔叶树伐倒，橡树、白蜡、山楂、榛子、赤杨或榆树，等待发出 3 年、4 年、5 年或更多新的枝条。萌生枝条比原生木材生长快 2 倍之多，因此经过 7 年、10 年、12 年甚至 25 年，伐木者就会有很好的桩柱或横梁。伐根，即萌蘖树木的基部，还会无限地萌蘖。萌条实际上延长了树木的生命。一个典型的例子，白蜡可以活 200 年，但是通过萌蘖，可以活 500 ~ 1,000 年。

一些人可能会说，那些修筑斯威特小路的人们，没有打算产生萌条，在采伐树木开辟农田和牧场的时候，仅仅是利用了萌蘖的优点。也许如此，但是可以肯定，萨默塞特郡湿地的子孙后代，在大约公元前 2,500 年就应用复杂的萌蘖机制。当他们修筑附近的瓦尔顿小路的时候，使用了纤细的榛条做篱笆。所有榛条几乎同样粗细，无论在砍伐时 3 年生还是 7 年生。都是从一片广阔的萌生榛子灌丛中选择的，这是一个叫作"拔拉"（drawing）的复杂过程。在此之前，直到中世纪，没有人想到"拔拉"的实际应用。

好吧，也许瓦尔顿小路的建设者们没有全面考虑到，需要编织多大的整齐好看的篱笆。很可能，他们还在幼林中采伐一些嫩枝和树叶喂食家畜。在早期的森林经营中，什么都不会浪费。

及至我们的时代，森林已经不是野性的自然了。从森林收获木材、薪材、含单宁的树皮、木炭和篱笆桩柱、编条、饲养牛羊的牧草、喂猪的橡实、蜂蜜和球瘿做的墨汁。反过来，人们放牧，动物留下粪便。生态学家会把这看作是有机碳的交换。

樵夫开发出优秀的智慧，产生了与森林和树木密切相关的知识。譬如，他们知道针叶树贴地采伐不会萌蘖，但是，紫杉例外。而且，他们进一步观察到，萌生的紫杉树干更结实柔韧，可以做坚固的绳索。早期的船不是挖空原木制作的，是用紫杉绳索将橡木板编捆在一起的。

欧洲森林的破坏常常归咎于铁器、陶器和玻璃制作工业的出现。拉克汉姆（Oliver Rackham）在他的《古代疏林地》（*Ancient Woodland*）一书中估计，罗马不列颠时期威尔德（Weald）的 6 个主要钢铁厂，在公元 120～240 年间生产了 90,000 吨铁，大约每年 550 吨。84 吨木材做的木炭足够生产 1 吨铁；这意味着在一个世纪的时间里需要 750 万吨木材。如果他们只是采伐新的树木，也必须破坏 75,000 英亩，或者说，这一地区森林面积的 9%。但是，利用萌蘖机制，他们一次一次地使森林得以恢复，的确，就是这样做的。

森林的真正破坏者是那些使用犁杖的农民，从铁器时代开始，他们遍布欧洲。园丁使用锄镐围绕树根松土，使得树木更新，但是，用犁的农民想要做又长又直的垄沟。农民不仅砍伐树木，而且挖掘树根。据估计，在铁器时代来临和罗马人占领的 700 年间，英国低地的疏林地有一半遭受破坏。

公元 1086 年，在为征服者威廉所编辑的《末日审判书》（*Domesday Book*）一书中，估计他在英格兰的财富和确立的土地边界，其中有一项记录，犁杖的数目是 81,000。在中世纪初期，很大程度上归因于这个农具，有林地面积只有 15%，很少有一片林子，从这边走到那边需要一个小时。

然而，森林的混合使用持续时间长，范围广，土地为村子或全镇的人共有。共有的森林屈服于大规模的农业，在英国，这一过程在 18、19 世纪圈占土地中达到极点，许多遗留下来的森林被改用或采伐。拥有自己森林的土地所有者把森林看作是赘生瘤。小麦带来更快更高的现金回报。

林学家并无多大帮助。他们争辩说橡树拖累获利，因为生长缓慢。他们建议咨询者把他们的森林改造成速生的针叶树林，比橡树更好更快的生产木材。俗话说，"松杉买马，橡树买鞍。"

但是，疏林并非处处令人失望。在少数地方，橡树在 6,000 多年没有干扰的期间内演化。在西班牙西南部有一些德埃萨（*The Dehesa*），自从斯威特小路时代以来一直存在。

一个良好的德埃萨看起来就像公园。主要树种是常绿橡树冬青栎（*Quercus ilex*），在沙质土或者是土壤质地粗糙的地方，是欧洲栓皮栎（*Q. suber*），或者这两种栎树混交。在树木之下是草本植物，古生物学家通过测定花粉化石估计德埃萨系统的古老性。如果他们在世界这一地区发现橡树和灌木的花粉，他们会推测，在那个立地上存在一个相对的自然系统。当他们发现橡树和草类化石的时候，他们就相信他们已经发现了一个德埃萨。最古老的德埃萨证据回溯到大约公元前 4,100 年。

每英亩的德埃萨生产效率比任何现代农业系统都高，但是产品是由少量的许多小东西组成的，没有一种东西是大量的。春天，牛羊在草地上放牧。重要的是，不能过度放牧，所以经营者坚持一个运行理念，土地能够承载多少头牛：如果土壤瘠薄，也许 10~20 英亩支撑一头牛；如果土壤较好，也许每头牛只需 4~5 英亩土地支撑。

树木需要修枝，一般 7 年一个周期，维持开放结构，经营者相信这样会促使结实良好。修剪下来的枝条用作薪材或者烧炭。来自德埃萨的木炭在小镇或城市里价格较高。在有欧洲栓皮栎的地方，栓皮每 9 年一个收获周期，从树上扒下厚厚的外层树皮。栓皮收获看起来像堆积如山的弯曲的木板，但是，栓皮变成了瓶塞、绝缘衬垫和杯盘。冬青栎的树皮可以生产鞣革的单宁。

自从新石器时代，树木中间就种植作物。在最古老的德埃萨，葡萄花粉比橡树的更丰富，这喻示酿酒葡萄是特意种植在那里的。今天更为普遍，豌豆、蚕豆、小麦和羽扇豆种植在阳光暴露的地方。

每英亩德埃萨平均每年收获 600 磅橡子。有些橡子仍然用于制作本地特产，诸如橡子酒、甜橡子小吃、枣子包裹的橡子糖之类的食品。不过，大部分橡子喂猪了。从 10 月到翌年 1 月，伊比利亚猪在德埃萨中放养。在此期间，每头猪平均增重一倍，肚子里填饱橡子。作为交换，猪把粪便留在地里。塞拉诺（Serrano）火腿就是用这些猪生产的。

简而言之，一大片土地提供谷物、豆类、栓皮、木炭、单宁，以及肉类、羊皮与猪皮。有一些德埃萨，还有少量的胭脂栎（*Quercus coccifera*），其球瘿用于生产染料和墨水。

没人能靠德埃萨致富。经营目的不是为了高的现金产出，但是它确实可以使森林和利用森林的人可持续地生活。这不是一件容易的工作。堂吉诃德（Don Quixote）是塞万提斯塑造的这个地区的本地人，夸夸其谈过去的牧歌式的美好岁月，那时人和猪都吃橡实。然而，那是虚构的。

德埃萨要求新石器时代的以及后来居住在这片土地上的每一个人，应该知晓与半打儿工艺品相连的复杂的使用密码。德埃萨（*dehesa*）这个词本身是由坚持（*adehesamiento*）一词衍生而来，是在 13 世纪政府赠予一个小镇的土地的名字，在中世纪赋予家庭使用的疏林地的正式地位。这两个词都衍生自"*defensa*"，含义为受保护的。这一术语特别指出，德埃萨从其他土地分离出来，需要一个管理保护制度。

在一些德埃萨，这项制度持续很好，直至20世纪最后的25年。常常是，德埃萨归属村镇共同所有。在那里做不同事情的权利，可能在市政厅定期拍卖，例如放牛、修枝、取栓皮、喂猪或者种植作物等等，在少数情况下，这一权利由村民行使。并不是所有修枝或取栓皮活动都是按计划在特定年份来做，而是看丰富程度。这就需要公民观察监督，权利没有被滥用。如果土地退化，每个人都遭受损害。

于是，城镇里的大部分家庭需要掌握技巧，至少是作为农夫、修枝者或放牧者所必需的技巧。每一种都是特别运用于德埃萨树木的手艺。粗心剥皮会伤害树木，不好的或者过度修枝也是如此。犁地距离树干太近可能会导致树木生长衰退；距离远点儿浅耕可能会刺激树木生长。太多的牛羊和猪会造成土壤衰退，破坏森林；恰当适量可以维持土壤的良好耕作状态，更新肥力。

在一些村子里，放猪的牧场仍然共有，一个人可以放牧所有人的猪。早晨，猪倌经过每家门口，把猪从圈里叫出来，然后去德埃萨的橡树林里待一天。在最古老的西班牙村子里，人们在房子的底层养家畜。即便是在城镇里的平房，地面一层通常叫作底层（*bajo*），下层，而一层（*primer Plano*）实际上是二层。在晚上，当畜群回家来的时候也没人管。在19世纪，一个英国旅行者回忆回到镇里的猪时，"全力奔跑，就像魔法附身的军团，争先恐后回家，每只猪都不会出错"。有些类似的事发生在堂吉诃德时代，600只猪笔直地跑过他和桑乔的宿营地，使得两个人和他们的马与驴子都感到不安，他们的全部行当，包括堂吉诃德的头盔都叮当作响。

然而，近些年来，科学林业和农业都已经进入西班牙埃斯特雷马杜拉（Extremadura）地区。研究显示，如果猪圈养，喂食谷物，增肥更快。桉树和杨树在德埃萨的土壤上茁壮生长。这些树木生长又快又直，可以直接卖给木材厂。为了提高和改进，你所做的就是砍伐清除橡树。

无中生有
Out of Airy Nothing

··· and gives to airy nothing

A Local habitation and a name.

夏夜，梦境无常

空虚无物，也会有了

居所和名字

——莎士比亚《仲夏夜之梦》第 5 幕第 1 场

—William Shakespeare

A Midsummer Night's Dream,

Act. V, Scene i

亿万年来，树木每时每刻都在为人类创造生活中两样最基本的东西。树木从空气中吸收二氧化碳，从一无所有的空气，制造出我们呼吸的自由氧气和我们生存的固体燃料。一英亩健康的橡树疏林，每年从大气中吸收 2 吨碳。这为一英亩的橡树林增添 20 立方米的木材，大致相当于 9 考得① （cord） 木材。这些木材含有的卡路里，大约等于 234,000 英制热量单位。

火使人类文明成为可能。它温暖房子，做饭，制作盛饭的陶器。但是，8,000 多年以前，人们进一步学会从木材中提取能量和大量的其他挥发物质，创造了几乎是纯碳的灯。木炭是使石器时代终结的燃料，用它提炼铜，发现了铁。后来，木炭成了制造玻璃和火药的必需原料，是酿造啤酒的啤酒花和大麦的干燥剂。木炭比原木有很多优点：更轻，效率更高，燃烧更好。木炭无烟，更容易控制。单位重量的木炭比原木所含的能量高出 3 倍。尽管在人类历史上，用大约 8 磅木材生产 1 磅木炭。

烧炭的诀窍是缓慢燃烧木材，严格控制木堆里的氧气。有时在土坑里进行，自然地限制氧气。在煤炭、焦炭和石油出现之前，木炭是在砖窑或金属窑里烧成的，但是 8,000 年来，木炭是由窑工在树林里烧制的，他们做很大的木材圆堆，盖上泥土，控制燃烧。

---

① 1 考得为长 8 英尺、宽 4 英尺、高 4 英尺的原木量。

烧炭是在温暖季节干的活。早春，窑工伐倒橡树，切割成可操作的木段，可以放进壁炉那么大小，自然干燥。通常，在切段之前扒掉树皮，留做单宁。

盛夏，窑工们吻别他们的家庭，住进林中。在这里要花几周时间，收获几千蒲式耳的木炭，足够供应当地制铁厂和铁匠铺，以及用木炭自己做铁匠活或者取暖的邻居们。窑工也可能在林中度过整个夏天，住在一个由树枝、树叶和泥土做成的棚屋里，与他焚烧的木堆非常相似。

每做一个木堆，窑工首先开始建一个阀杆（fagan）。通常，阀杆是个长长的圆柱形木杆，顶端有一个十字抓手，这是他最珍惜的工具，不用的时候，就把它斜倚在自己简陋的小屋子旁边。窑工用一根橡木原条支撑阀杆以便烧火，做成一个 12 英尺或更高点儿的烟囱。他把原条放置成一个同心圆木头堆，阔圆锥形，直到木堆稳固不动，一个大小合适的木堆可能有 15～20 个堆垛，接下来，用泥土覆盖木堆四周，确保木头燃烧时不会冒出明火或控制不住。最后，抽出阀杆柱子，把燃烧的木炭丢进烟窗。

燃烧是一个发热过程。开始燃烧时吸收热量，但是随后发出的热量比吸收的多。非常缓慢的燃烧将木材转变成木炭，不起明火。热量引起木材中的非碳元素挥发逸出，进入空气。最先出来的是水蒸气，接着是木焦油，最后是微量的挥发物质。剩下的是黑块，但是不像我们现在买来烤肉用的木炭，仍然可以看出原来的橡树木材的整个年轮和射线构造。

每一堆木头全部烧完需要 2～15 天，要看木头大小和天气状况，一个全职窑工，一次可以照料 15～20 堆。必须不断加土，确保木堆不会燃起明火，跑来跑去，保持燃烧均匀。烧炭的火场看起来就像炼狱，黑色的小丘上红光闪烁，偶尔跳跃着恶魔。

几乎没有改变这一过程的创新。托马斯·杰斐逊（Thomas Jefferson）曾经试图改良每道工艺，从木堆下面点火，在阀杆底端插入长长的树枝。这无疑会加速燃烧，更有效率，因为燃烧总是从底向上。

尚可回忆，直到 19 世纪中期，窑工的工作也不是一个边缘职业，而是人类文化的中心行为。没有窑工，就不会有人佩戴短剑，不会有亚述王的萨尔贡，也不会有查理曼大帝亚历山大、裴欧沃夫，更不会有亨利五世和西班牙探险家科尔特斯（Hernan Cortez），甚至不会有亚瑟王。没有窑工，维京人就不会有长船，寨主不会有独木舟。没有窑工，就没有窗户玻璃和铁罐，没有啤酒和葡萄酒的瓶子。没有窑工，就没有火药，没有金银硬币。没有窑工，就没有犁头和马具。没有窑工，就没有戒指、项链和皇冠。

回火

Temper

Come, let us obey the creative word,
来，让我们听从造物主的话
God will make us flash like the blade of a sword
上帝会让我们像剑锋一样闪闪发光
——休·麦克迪尔米德（Hugh Mac Diarmid，苏格兰诗人）

钢铁是采矿与森林相逢的地方。一把巨剑，不只是用铁制造的，而是铁与碳的结合，经过千锤百炼而制成的。柏拉图写道，人类的所有工业，不是源自采矿业就是源于林业。铸剑来自两者。

橡树木炭是人们更想使用的，因为含热量高，燃烧稳定，用作炼铁熔炉的燃料。通常，熔炉里层层交叠地装满木炭和铁矿石。大约700华氏度[①]，铁矿石溶化，释放矿石里的碳，结果练出熟铁。熟铁富有弹性，可以锤打成各种复杂的形状。遗憾的是，熟铁太软，不能制作刀刃，容易弯曲，不能铸剑。

通过使用鼓风机加气，把锻铁炉的温度提高一倍，改变碳的流动方向。在这种温度上，碳从木炭转移到铁的松散晶体结构。最后，可以倒出铁水来。这就是生铁。它具有比较坚硬的优良特性，但还是比较脆弱。

铸剑匠人和所有的精细工具制造者，开始寻求如何调整工艺过程，才能得到钢，钢是一种足够坚硬做刃而又柔韧经得起反复劈砍的材料。现在我们知道，做这些工具和剑的钢，最好在其结构里含有0.4%~1.0%的碳，但是早期铁匠是通过热铁的颜色来判断他们的工件。

为了炼钢，铁匠首先将铁加热，直到呈现樱桃红色，这是一个温度信号，在这个温度上铁可以最大限度地吸收碳，然后将铁放入温盐水或油中，产生变硬的钢。（很少使用淡水，因为当水开时产生的气泡会聚集在铁的周围，引起融化或开裂。）一块变硬了的钢，其外部可能是硬的，内部可能是融化的。

---

① 1华氏度 = 5/9℃。

变硬了的钢坯可以做细切，但是容易出豁口。

做剑和工具的钢必须回火。这是一个最需要技巧的环节。铁匠重新缓慢加热金属，仔细观察颜色的变化，草黄色或者青铜色最硬。紫色和蓝色中等。深蓝色最富有韧性，可做弹簧。当出现称心的颜色的时候，铁匠把钢取出来，用水冷却。回火效应释放碳-铁块内部的一些应力，留出足够时间，使锋刃牢牢固定。过热会使碳从铁中逸出。钢会退火，也就是说，会退回原来的软性。

许多剑经过几个世纪才毁坏，原因就是过度研磨。在旋转的砂轮上倾斜的研磨，甚至是在现代的电动砂轮上，当刀片接触到含沙的石头就开始变热。由于过热，时间过长，碳铁基质受到破坏。刀片毁于回火。

铁匠铺，就是"发脾气"这个习语的发源地，我们常常用来描写一个人过分生气。这是一个特别恰当的短语。它不同于呆子、蠢货或笨蛋等字眼。太多的热量，太多的愤怒，并且你把全部都投入一种混沌状态，要想从中恢复，实际上比看起来还要困难。

我们总是想，我们的时代比过去的时代精准得多。然而，恰如一种心理状态的描写，"发脾气"的隐喻是难以克制的。缺失一种与所付出的精力相对应的心理状态。假如愤怒、自以为是和愤慨从人的生命混合物中去除了基本元素，留下的只是挣扎前行和自我防御。那么，在这种状态下，只是尝试后退或者回到正轨，常常是不可能的。在混合的整体中缺失某种东西，必须找回来。如果一个人知道让锋刃固定在剑上的工作，其风险在于加热过度的话，那么，他也许就不会轻易地动怒。

海豚的不可能性
The Impossibility of Dolphins

海豚怎么能游得这么快？常常看见海豚在侧面跟着快速行驶的船，超越，潜水，然后出现在船的另一侧。

1936 年，英国动物学家詹姆斯·格雷爵士（James Gray）得出这样的研究结论，为了保持这样的速度，身长平均 6 英尺的海豚需要大约 240 磅的肌肉。但是，鲸目动物最多只有 40 磅。海豚显然是不可能的，然而，它确实存在。

美国海军想要找出海豚是如何做到的。如果他们了解这个秘密，就可以设计出更快的军舰和鱼雷。

格雷假设，海豚在水中移动的方式肯定与其能力有关。海豚从不像锐利的光束一样直接冲向迎面压过来的波浪，总是调整其形状降低水和风的阻力。简言之，海豚在扭动。

海军从来没有造出能够扭动的钢铁军舰，但是，如果他们想要把这一原理变成现实，他们只需要研究维京人的战舰。

众所周知，穿过流动液体的运动是所有工程问题中最复杂的和最难解决的。海面是一个无限变化的波浪系统。（大海几乎是所有文化中都是属于神的领域，因为它有绝对超出我们能够预测和控制的力量。）更有甚者，空气不仅无限变化，而且既看不见又无重量，包围着我们但是又不可见，是使我们能够生存的造物主的世界的一部分。

可以理解，美国海军可能会犯错误，不仅是问题很难，还因为现代军舰是用钢铁制造的。军舰的行动确实像光束一样迅捷。12 个世纪以前，北欧人创造了拼接的橡木板船，非常像活的海豚。

奥尔·克鲁木林-皮德森（Ole Crumlin-Pedersen）花费毕生精力，研究、修复、重建和航行维京时代的战船，他还记得第一次驾船。咆哮时代号（Roar Age），是一艘应用古代技术煞费苦心地重新建造的战船。尺寸规格，取自最早在罗斯基勒峡湾（Roskilde Fjord）制造的 6 艘船，这些船构成了（丹麦）罗斯基勒维京战船博物馆的建馆理由。"它是神秘怪异的，"他记忆，"当你站在船头的时候，你感觉到脚下的木板在动，看见船舷上缘扭动，船首抬起。"同样的情况也出现在船尾，被分开的大海紧紧地围绕着通过的船只。只有船的腹部是使用橡树木材建造的。

在所有发现的维京战船中，戈克斯塔德（Gokstad）号是保持最好的，原封未动。这艘船于 1892 年横越大西洋去参加芝加哥博览会。安德森（Magnus Andersen）是这艘复制战舰的船长，曾经报道过类似的体验。他写道，船舷扭动，偏离地平线最大可达 60°，但是船没漏水，航速 12 节①，也没有变形。

若论航行，任何船都比不上北方长船。成熟的维京船在满帆时速度可以达到 20 节，划船 5 节。水手可以升帆，提高速度，恐吓敌人。他们也可以落帆，开始手划，以便随时停船。宽型船用于贸易，窄型船用于比赛。

使用这种船，维京人攻占了爱尔兰和部分英格兰，在苏格兰、赫布里底

---

① 1 节≈1.85 千米/小时。

群岛（Hebrides）、奥克尼郡岛（Orkneys）、法罗群岛（Faroes）和谢特兰群岛（Shetlands）定居并将其作为殖民地，还有冰岛和格陵兰。维京人创建了都柏林和约克，统治英格兰东部长达100多年。维京人先于哥伦布500多年到达北美洲东海岸。他们在法国建立了诺曼底王国（文献记载为北方人国），沿着塞纳河航行掠夺巴黎。祖先是不列颠群岛的任何人，都可能具有挪威人的双重血统，第一个来自原来的入侵者和殖民者，第二个来自11世纪攻占盎格鲁-撒克逊英格兰的诺曼人。维京商人乘船沿海岸航行到达罗马，进入地中海，向下航行至君士坦丁堡，沿着伏尔加河，水陆联运，到达黑海。

长船具有宽窄合适的船底板，创造了从未被超越过的水上运动标准。无论张帆或划桨，都灵活自如，吃水只有3英尺，意味着除了最浅的河流以外，到处都能航行。然而它很坚固耐用，又很轻便，水手可以拖拽到海滩。平均来说，每艘船可以使用20年，有些甚至可用长达百年。

并不是所有这些船都是用橡木制造的。在挪威的大西洋海岸，卑尔根以北没有橡树，人们不得不使用冷杉。但是遍及欧洲，只要有橡树的地方，就会用橡树造船。90%以上的北方舰船是橡木制造的。没有橡树，无论维京人还是后来的现代欧洲的海洋国家，都不能横越大海或环绕全球。

造船首选橡树，因为它坚固，比较轻便，不渗水，可弯曲，最重要的是，可以加工。橡树可以稳定可靠的劈开，不仅是从原条的一侧到另一侧，而且可以从边缘到中心，沿着射线细胞的自然线条劈开。由于是从边缘向中心劈开，所以拼接的船板的侧面略显楔形。

首先，这一定被看作是一种缺点，但是在公元五六世纪的时候，一个建筑工人突然把它看成是一种变革：如果你把木板叠放，用铁铆钉将木板妥帖地固定在一起，不会漏水，你就可以把木板弯曲成船的形状，成为轻巧地流线型物体，它就会像鱼一样在水中穿过波浪。

那些建造长船的人，从来都不会读，不会写。测量单位不是度和毫米，而是拇指（英寸）、手掌、腕尺（肘部到指尖的距离）、脚、肘管（肩头到手腕）和英寻①（一扎长）。然而，他们在过去1,500多年的不曾间断的传统中，建造了成千上万艘这样的船。

以四种方式用橡木建造这样的船。龙骨总是取自又细又高的树干，木材尽可能无疖。斯堪的纳维亚的寒带半混交林采伐的橡树，完全符合这种要求，

---

① 1英寻≈1.83米。

因为橡树在稠密的针阔混交林中生长快，下部很少分枝。必须用斧子把树干砍成方形，然后钉进楔子或者用斧子或小扁斧开槽。最好的龙骨是使用独木做的。举例来说，戈克斯塔德舰的龙骨几乎 58 英尺长。较小的船的龙骨是 2 或 3 株橡树做成的，仔细地拼接在一起。

做侧面船底板的板条是从整个原条劈裂出来的。如果纹理通直，必须仔细地平衡不同楔形木片的应力，以使纹理不会伸出或裂开，砍木头的人可以把板条做成 18～20 英尺长，平均来说，12 英尺或更短。任何曾经劈过橡木的人，一定会记得，裂缝沿着原条长度裂开，发出令人愉快的声音，令人深深地感到满意。一个直径 3 英尺的树干，由一个富有经验的手艺人劈开，可以得到 20 片可用的木板。在 20 世纪之前，欧洲从来不锯木头，对于维京船来说，这是好事，因为劈开的 1 英寸厚橡木板的强度，等于相同厚度的锯开的橡木板的 2 倍。

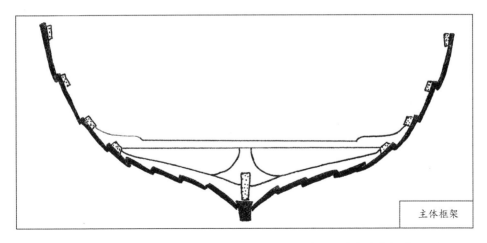

挪威船的外壳构造〔娜拉（Nora H. Logan）绘自丹麦罗斯基勒维京船博物馆〕

几乎在每艘维京船的吃水线部位，都有一块结实的木板条，即加固条（*meginhufr*），与龙骨相连，加固船体。外观看起来与其他船板很像，但是它有两倍厚。它不是将原条木劈开做成的，而是将原条逐渐地削细，直到符合要求的形状和粗细。一般使用斧头和小扁斧。里面留边，用来支撑船壳做完以后插入的骨架，保持船不变形。

长船的骨架是最后安装的。框架装入做好的船壳，用木栓固定。框架的目的在于分散对于船体的外来冲击力，橡树就是自然利用主干与侧枝分叉的框架，这是树木自然生长形成的功能。在野外挑选阔"Y"字形分叉的树木，砍倒，用斧头修理。

每户维京人家都有技术娴熟的手艺人，能够选择、砍伐和修理橡树。斧头、小扁斧、木槌和木楔是每个家庭珍爱的财产。但是，造船不仅仅需要木工，还需要理解整个轮廓的人。

建造这些船，特别需要丰富的想象力，其重要性如同雅典的第一个伟大建筑的创造。这是一种传统的发端，它改变了北方世界，开创了无边的航行，到 19 世纪时把全球的人联合起来成为一个互相交流的群体。无论这些造船人是谁，作为工匠手艺人，对于北方世界来说，其重要性如同希腊和罗马的创造者。

这些北方造船者被称为"杆匠"（stemsmith），因为船尾和船首是设计中的关键元素。造船总是从船杆和龙骨开始。杆匠使用打结的绳子测定龙骨长度的 1/3。然后沿着龙骨外缘，在一个地方开始把测量的长度作为一个圆的半径。这个基础圆圈包含树干的形状。然后他雕刻橡树的树干。有时候被雕刻的树干，就是一块榫接成船板的弯曲木材，对于更好的船，三维雕刻，极为精美。特别精心雕刻的板材，会用作左舷和右舷。

船首比其他任何部位都重要，就像将要飞向蓝天的雄鹰。它具有陡然升起的前缘，后面是两只翅膀，弯角与船板相接。杆匠必须设想到，他们做完这些之后的船的形状，当波浪冲过来，水可以从船底板下面通过。

基本成形以后，将龙骨和船首安装在一起，杆匠用一根线从船首到船尾测量每一段船板和肋拱的比例，在线上打结标示出半径的长度。这种方法极为简单，每个有头脑的工匠都可以照着做，但是杆匠一定亲临现场，盯着施工。如果他的设想失败，结果将会造出一艘有缺陷的船，在北方水域中几分钟时间就足以沉没。

工匠的智慧是宝贵的，因为它是受到检验的。做工差的水桶会漏水。做工差的门边框会倾斜。做工差的椅子坐不住人。做工差的船浮不起来。

还有，船会摇晃不稳。摇晃不稳这个词（cranky），通常指一个人性情暴躁，不稳定，不可信，但是这个词源自造船。如果工匠把船的重心做得过高，船会在海浪中颠簸，慢慢右倾，或者猛然颤动，向前向后，舵手麻烦不断。

在 400 多年中，杆匠们不可估量地加深了人类知识的深度。他们通过观察和思考橡树的特性，把橡树特性运用到建造快速适航的船上。他们想象，来自水和天空的一系列不可见的力量打在船上，他们设计出能够抵御变幻莫测的风雨交加天气的船。对于人类来说，这是非常重要的知识成就。

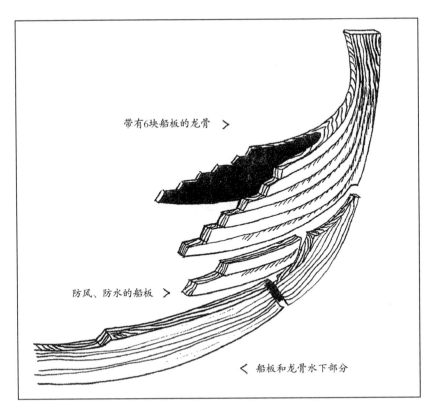

北方船舰的龙骨〔娜拉（Nora H. Logan）临摹埃里克·麦基（Eric McKee）〕

　　鉴于橡木船航速快，杆匠们的知识必须进一步加深。他们通过亲身经验，学习到运动定律。

　　任何一个现代流体动力学的学生都可以告诉你，当一艘船在水中沉没时，它在加速。船首和船尾的波浪都会阻止船向前运动。在一定速度上，船首产生的波浪长度同船身一样长。那一刻，船在水中的位置很低。那么，如果施加更大的力，船就会升高，并且趋于平稳。

　　杆匠们很困难地认识到这一点，就像他们重新修复古船一样。挪威维京船学者克里斯丁森（Arne Emil Christensen）在驾驶仔细修复的奥斯伯格舰的时候发现了这一点，那是一艘很宽的公元 9 世纪的长船，用作葬礼的豪华船（参阅 95 页）。

　　1988 年，克里斯丁森驾驶这艘修好的复制船，进入奥斯陆峡湾进行试验。在清新的微风中，他们升起船帆，船速很快达到 10 节，船身倾斜 10°。"在这个速度上，"克里斯丁森还记得，"船应该靠船首波浪自行抬起，获得更快的速度。"他叹气地说，"很不幸，就在那时，水开始灌入，漫过船头。"他皱起眉头回忆说，"非常快。"船目已直冲海底，不得不用拖船营救。后来，为了在 10 节以上的速度航行，水手不得不安装可以抬起的临时关闸系统，防止船头进水。最后，修改设计，添加许多船底板条。

杆匠们不得不面对一个完全相同的问题，采取应对办法，改进船的形状。在奥斯陆的维京船博物馆，如果你站在十字形大楼的中心，你会看见一边是奥斯伯格舰，另一侧是戈科斯塔德舰。戈科斯塔德比奥斯伯格晚 75 年建造，比老的船线条更加流畅，腹部更小。奥斯伯格舰看起来的确很像两艘船：坐在大腹宽舰上的陡峭窄舰，作为过渡，超厚的加固条安在龙骨至船舷上缘的中间位置上。戈科斯塔德舰并不狭窄，但是也有一个加固条，在船底与上层结构之间的过渡带几乎无缝。

直到 200 年前，智力（*intellectual*）这个词的含义都不意味着抽象，其含义是应用于追求真理的人类全部能力。这如同意大利的罗马天主教神父托马斯·阿奎那斯（Thomas Aquinas）说到的，生成的最高形式是内心深处的真实含义。他说，石头的演化来自外部各种东西的碰撞摩擦。另一方面，植物通过自己结出的果实，落地而产生自己的后代。他写到，高等动物在体内形成幼崽，但是必须生出来，进入一个分离的外部世界。天使有些事情做得更好，尽管我不确定我是否理解得很好。上帝做得最好，因为在他的知和行之间没有差别。对于阿奎那斯来说，上帝的作品是最富有智慧的，藉以出现，意味着他最有创造力，凭此，上帝创造世界并使之永生。

对于上帝，内部思想与外部现实的联系是固有的、直接的和永恒的。从他的内在想象来塑造外部物体的形状，杆匠仿效造物主，因为他坚持要实现他的内在设想，将内部与外部联系在一起。知识分子的知识不是抽象的知识。一个知识分子，就是一个把思考投入行动的人。

船和墓
The Boat and the Grave

杆匠必须想象看不见的船，设计不可预见的船。北方人能够造出远航的船的事实，赋予那些文化上更为自信的人，产生不可预见和不可估量的未知想法。思想变得更加深入，的确生疏，因为船在鼓励人们想象那种未知的思想是什么，处于什么位置。对于北方人来说，一件像大海一样未知的、不可预见的和看不见的事，就是人类中的个体必定死亡，或迟或早，或惨烈或平静。橡木船，给予人们树立信仰的新途径和逝去的人并未消失的希望。它成为戏剧的中心部分，由此创造出纪念仪式。

对于维京时代沿海地区的人们，世界没有边缘。西方和海洋超出所知。橡木船是可能性的象征。船从外面带进财富。船把人送到新的土地，新的家园。船从大海运来鱼，从市场运来粮食。船载人去赢得名望或者冒险死亡。一摸着船，就已经立下誓言了。

法罗群岛（Faroe Islands）有一句谚语说，"束缚属于没有船的人"。在船上的人是不可束缚的。一个人在船上就是要去某个地方。一首给克努特国王（King Canute）的赞美诗写道，"风在吹你，高大的舰船首领，驶向西方。你用脚步声把名字印在大海"。

船葬，把死者推进水里，送入风中或者心灵。每一种选择都是对未知角色的戏剧推断。例如，在英格兰史诗《裴欧沃夫》（Beowulf）中，死去的首领希尔丁斯（Swedish Schieldings）被安置在他自己的船的中间，他的武器放在身旁，人们痛哭着把船推向大海。很可能，在文献中这样重述这个故事，诸如纳贾尔传奇（Najal's Saga）和亚瑟王的故事，人们从大海或者湖中进入船里，承受所爱者死去的痛苦，安排他或她的未来生命。

船和死者还可能被送到空中。用于火葬的船的唯一真实记载，来自阿拉伯外交官的日记，伊本·法尔敦（Ibn Faldun）于公元 920 年，在伏尔加河目睹了这一场景。船长躺在特制的床上，上面铺着拜占庭锦缎。木材堆放在船的周围，将船拖拉到高一点的地方。一个志愿者女仆陪葬主人，她自己装扮华丽，让她狂饮，然后与主人的所有仆人性交，每个仆人对她说，"我以此纪念你的主人。当你见到他的时候，请你转告他。"然后，她被杀死，放置在其主人身旁，整只船遂被烧成灰烬。

尽管，访问者可能认为这很耸人听闻，但很显然，船是这个死人借以走向另一个地方的交通工具，在升起的浓烟中启航。

许多葬礼船都摆在泥土里或者海滩的沙子里，死亡旅行者供之以过去的物品。在奥克尼群岛（Orkney Islands）北部边缘海滩上发现这样一场葬礼，在一艘橡木船里，一个男人、一个老女人和一个儿童埋葬在一起，面向北大西洋。这个男人有一把剑、箭头和一袋棋子。女人有她的纺织用具、剪刀、收割镰刀、镀金胸针和带有对称龙头的美丽的鲸骨牌匾。

现在，我们不能理解这些物品的含义，更不能重构这些葬礼。葬礼仪式是一个原始老帅，因此，这些行动可能比这些东西更重要。但是，在船里的墓葬品就像你所听到的一首诗的音乐那样，即便你不理解谱写的语言，也可以告诉你一个在心底引起共鸣的故事。在它的下面，船说，"我在旅行。"

在一艘葬礼船中，与死者埋葬在一起的还有一堆不知所向的地图。1904年在一个土堆中发现的，奥斯伯格埋葬品是一艘橡木船，72英尺长，16英尺宽，船舱在中部。整艘船被拴在一个地下卵石上。作为祭品，15匹马、4只狗和2头公牛被放在船首。在船上还有装饰华丽的四轮马车，两架雪橇，许多兽头和装东西的箱子以及其他徽章。还有一些小织布机和长木板与花纹挂毯。

奥斯伯格舰埋葬的并不是一位伟大的武士。它只是两位女人的长眠之地：一位年约60岁，另一位30岁左右。其中一位很可能是，或者两位都是那个织出在船里发现的织布机旁边挂毯的人。进一步说，挂毯描述的是一个过程或者相关的一系列事件，不仅仅是这些女人，还有在船上发现的所有墓葬品。有马拉的四轮马车，很像那只埋葬的；一位女子手持与在船舱里发现的相似的柱灯；一个车夫手里使用的工具与在船舱里发现的一样。

在这里，形象想象力很有深度，以前在北方从未见过。以超出时代的事件来构图。这是这些女人生前许多活动的纪念，还有，它还包含许多问题。

在这个过程中，那辆四轮马车与在船里发现的相似。挂在马车里的挂毯与船里马车上铺的相似。那么可以想象，挂在马车上的挂毯，从构图时间的无限深度里逐渐消退。可以推测，图画里的挂毯里，还包含带有挂毯的马车，等等。这幅图画也许在编造，一种只有心灵能够追逐的可能性。它揭示了内心世界不可见的现实性。

挂毯里至少有一样东西是船里没有的。有一片森林，从织出来的分枝可以辨识出来，树枝上悬挂着死了的人。上面坐着女人，带有挂毯的马车正在进入森林。

为什么会有这些图景呢？

橡树林是一个可以再生的地方，橡树木材很可能就是如此设想出来的。进入20世纪，欧洲许多地区仍然相信，有窟窿的活橡树是鬼怪之家，有时称其为"鼓橡"，因为如果敲击，就会听到声音。在爱尔兰一些地区，人们把外套里外反穿，走过橡树以后再翻过来，抵御橡树的魔力。在每年演出的橡树王之死和重生的戏剧中，橡树是中心角色。

在船葬之前的很长时期，北方人把死人放进挖空的橡树原木里。在英格兰东部赖丁地区格里索普（Gristhorpe）附近的一个古墓里，发现了一个青铜时代的人。他身高 6 英尺 2 英寸，像胎儿一样躺在劈开的橡树树干里。陪葬品有青铜长矛、燧石矛片、燧石箭头和破损的戒指。棺椁上面交叉放着橡树的树枝。这样的青铜时代的橡树包囊，是现代棺椁的起源，即便是今天，许多人不能想象没有"橡木套装"就被埋葬。橡树和船都显示再生。

橡树葬礼，甚至船葬的风俗的盛行，都足以使基督教存在下去。不仅仅是基督教徒使用橡木棺材下葬，而且在北方教堂墓地内还把死者埋葬在船里。北欧日德兰半岛（Jutland）塞伯松（Sebbersund）废弃的墓地与公元 1,100 年消失的木板教堂有关。在那里有 500 座墓，几乎有一半被挖掘，棺椁尚存，有些是长条板材做的，有些是长船板做的，还有些使用食槽或者掏空的原木。但是，没有剑、矛、纺锤和镰刀之类的物品，除了一枚小银币外，没有任何个人用品。基督教徒死了，并非意味着要去某个地方，他们不需要携带任何东西。总之，他们并不是真的死了，他们是在休息，等待那个时代的结束。

塞伯松教堂墓地棺材里的基督教徒，全部面朝东，头枕泥炭枕头。我猜想他们会在判决日的黎明跳出来，就像飞行员从燃烧的飞机中弹射出来，走进太阳升起的光辉。但是在土丘中，挪威人睡在船形墓中。在判决日那天，他们或许不会跳出来参加神圣的唱诗班，而是滑进峡湾，扬帆起航，在天使醒来之前进入凝滞的空气。维京人，肯定会在航行时唱起哈利路亚，赞美上帝。

心脏的内向线
The Inward Line of the Heart

在英格兰东南部艾塞克斯（Essex）的僻静郊区，岔路边上有一个非常小的古老教堂，格林斯特德教堂（Greensted Church），近几年只有一个半退休的端庄得体的英国牧师在主持教堂礼拜。这个小教堂却声名鹊起：据说圣埃德蒙于公元 870 年在丹麦人手中殉难之后，在出殡途中其遗体曾在此短暂停留。路边有一座 13 世纪十字军战士的坟墓，活像路边的哨兵。每年夏天，教区举办草药节，出售介绍如何使用草药烹饪的书。教区的女士们用精美的花纹披肩作为教堂条凳的跪垫，有些绣有鸟，有些绣有火焰。其中有一个托尔普德尔蒙难者（Tolpuddle Martyrs）是在农场做工的，1839 年在这里结婚，他曾经试图组织工会，在受审之后得到国土赦免，被发配去澳大利亚植物湾（Botany Bay）。

但是，有些关于墙的事却很滑稽。小教堂的塔楼是白色的墙板，小礼拜室却是砖砌的，教堂正厅的墙就像一排树立起来的木头柱子。

用尖桩做的木栅栏，很像海石阵过去看起来的样子，只不过海石阵是圆圈状，格林斯特德教堂的栅栏是直线的。如果说，前者是内心世界存在的丰碑，那么，后者就是为内心世界指明方向和目标。

在海石阵，甚或在巴格奥斯特维尔德（Bargeroosterveld），你所看见的就是你所得到的。但是在格林斯特德，看起来像亨吉斯似的简单的墙，却遮掩了非常复杂的建筑。结构不是主要论点，而是这座建筑与什么有关。

中世纪诗人杰弗里·文索夫（Geoffrey de Vinsauf）写了一篇论文，《新诗学》（*Poetria Nova*），他在其中把一首诗的写作与一座大楼的建设做了比较。

> 假设一个人必须为房子打基础，他不能仓促地开始工作；在心里事先思考，心里的人确定行动次序，想象的手在身体开始行动之前设计出整个轮廓；模式是第一个蓝本，然后才是真实有形的……头脑内部的范畴必须包括事先需要准备的全部数量的材料。

对于中世纪的建设者来说，内心世界是起点，不是终点。这里是一个设想与愈益深邃的记忆积淀相遇的世界，是一个新旧思想混合的地方。

建筑物的轮廓是橡木柱子构建的，横梁是表现内部世界的精致语言，因为它们极为灵活。此外，在遭遇世界发生的灾难之前，你可以测试这些建筑。几乎所有的木材框架的建筑物都是先行切割，其框架在地面上测试组装。最后做的，只是把建筑物竖立起来。

格林斯特德教堂形体很小，但却是富有诗意的范例。它是一个基督教纪念碑，一个哥特式建筑。人们从西面进入，面向东面的祭坛。礼拜仪式象征性地把他们从这个世界王国引向天国，在祭坛上尝试。他们沿着竖立的橡树树干的直线通过，让人想到亨吉斯，想到橡树王和想到人们自己的古老过去。

格林斯特德与橡树是双关语：原木不是原木，圆形木结构却是教堂。教堂内部黑暗，当你走进时就会眨眼。但是，当你的眼睛调整过来之后，你却看不见原木。你看见的是高大扁平的木板。由于多年使用和保护不善，木板

格林斯特德教堂〔伦敦文物收藏者学会（the Antiquaries Society of London）供图〕

已经变成深褐色，有些地方几乎是黑色。当你走近的时候，你直视的是 1,000 年前被劈裂的橡树心脏。

尽管存在建筑证据，最初的墙实际上是在土中不易移动的。也就是说，墙就像亨吉斯一样固定在地面的土沟里，这个建筑物就是直线拼接的直立起来的树干。这些原木的直径在 8 ~ 12 英尺，劈成两半，即便对新石器时代斯威特小路的建筑者来说，也是非常简单的。但是，每一面都有精致的沟槽。在这里发现了可能是用来做这个工作的小巧的扁斧，或许用汤匙大小的钻头进一步钻深，然后用凿子修成光滑平整的沟槽。薄的橡木片楔入沟槽，沟槽镶嵌，把原木互相联在一起，不仅牢固，而且阻挡冬季冷风。原木的顶端被磨成倾斜的舌状，紧密地插入上面横梁的沟槽。

尽管这座教堂经过很大调整和重建，但是从遗留下来的残迹仍然可以看出，西侧原木框架笔直地支撑尖屋顶两端的倾斜山墙。树干的长度不够，不能达到山墙的最高点，不过，木工选择了第二段原木，完美地安放在下面原木的顶端，舌槽相接，用橡木木栓牢牢固定。而且，为了做屋角，木工把原木端面砍成方形，保留树干外观的弯曲形状，靠墙的里面却是平的。

把整个结构固定在一起的墙壁和连接的横梁可能被遮盖起来，但是却很

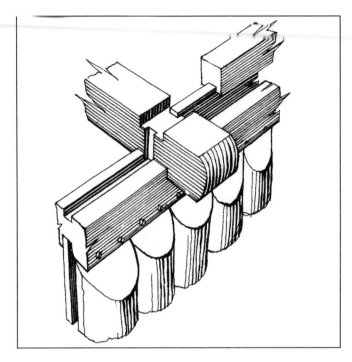

隐藏在原木后面的是复杂的接头〔英国历史木工协会塞尔西·休伊特（Cecil Hewett）供图〕

复杂。人类实践智慧的最高雅、最缜密的产物，是欧洲木匠从格林斯特德时代到中世纪后期所制作的接头。它显示出对于结构和力学的深刻理解，包括影响立式结构的重力、承受力、剪切力、压力和应力。

在格林斯特德，面对的挑战是保持原木墙直立而不向右倾斜。顶上的横梁是开槽的，削成舌状尖角的墙上原木可以滑进，全部连在一起。这样，每根横梁都是稳固的，两头与角上柱子的接头固定在一起，防止墙上任何一根削尖的圆木倾倒、歪斜或松动。为了保持这一整体结构的稳固，系梁固定在墙上横梁的顶端的沟槽里，在其上面搭接第二根横梁。

杰弗里·文索夫在建筑物和诗歌之间所做的类比，比他所知道的还要恰如其分。他旨在告诫诗人定型作品，但是于不经意间认可了框架建筑的诗歌功能。无论打油诗、韵诗和每一种框架结构，其语言都是橡树，句法规则都是接头和框架。

接头和框架

Joints and Frames

当一个结构小如巴格奥斯特维尔德，甚或像格林斯特德教堂，都可能需要高超的技能和想象力，但是风险相对较低。一旦要兴建规模较大的建筑物时候，诸如从宽大的仓库到会堂、宫殿和大教堂，结构失败就可能是毁灭性的灾难。一份手写的盎格鲁-撒克逊（Angle-Saxon Chronicle）编年史记录了在978年发生的楼层地面坍塌："在这一年，所有在卡恩的盎格鲁-撒克逊时代议会的主要议员们，除了邓斯坦大主教一人停留在横梁上之外，在上层的人都严重致残，有些甚至没能活着跑出来。"

像杆匠一样，木匠必须能够看到不可见的东西。杆匠和木匠都必须想象和解释他们的创造物所承受的材料量、风和风景的影响，但是造船者从介质获得帮助：船从水的重力效应得到缓冲。它可以在浅水中航行，也可以在深水中航行。它可以弯曲和倾斜，可以逆风行驶。但是建筑物却做不到这些。从完工那一刻起，它必须站立承受重力，重力可以致使建筑物倒塌。没有人像木匠一样对重力理解得那么透彻。

这意味着，在欧洲木匠是个了不起的职业。在国王或高级教士的厅堂里，木匠与神父、教区牧师和商业探险家坐在一起。最优秀的木匠受到的礼遇更好。赫兰修（Hugh Herland）是威斯敏斯特大厅（Westminster Hall）的建造者，不仅为理查德王，而且还为国王的朋友和资政威克汉姆公立学校的威廉（William of Wykeham）和温彻斯特（Winchester）大主教修建。赫兰修大师常在大主教的私人餐桌上，与其共进晚餐，主教还把这个木匠的肖像，挂在温彻斯特学院教堂（Winchester College Chapel）的彩色玻璃窗上。

木匠是橡木板块的拼接大师，通过拼接可以防止重量和天气可能造成的最坏情况。在4～18世纪，欧洲北部95%以上的建筑物都是使用橡木建成的，手工砍伐，建成厅堂、房屋、谷仓和教堂，通过使用嵌接、榫接和榫舌三种最重要的接头方式，以及几十种变化与组合的搭接建成这些建筑物。

木匠从造船工人那里学会嵌接。船上乘坐百人或者装载30吨货物，没有足够长的橡树，可以用来制作龙骨或船板。同样地，对于一个任何大小的厅堂，都必须获取超出单株树木长度的木板。解决办法就是把两个或更多地横梁拼接在一起，头对头，接在一起，抵御扭曲和拉开。

像公元 4 世纪尼达姆（*Nydam*）那样的船，没有使用任何嵌接，它是用很少几根长橡木板制造的。公元 7 世纪的苏顿胡舰（*Suton Hoo*），用嵌接把龙骨和船身、龙骨和船尾，还有船板之间牢固地连接起来。嵌接是两块木材头对头的配合，切成又长又浅的斜槽嵌合在一起，保证两片都牢固安全。嵌接在一起的木板，打孔，用木栓固定。

已经固定的嵌接板足可用来造船，受力不断变化，但是方向可以预测。对于独立式的建筑物，固定的嵌接板却不很安全，它只靠木栓固定在一起。由重力和风暴结合在一起的剪切力和扭曲力，可能折断板件，嵌接滑动裂开。风向变化，船可以改变方向，而建筑物不能。

中世纪木匠设想出的并实际应用的解决办法是如此完美，就是羞于见人的隐匿的建筑物的连接。为了防止嵌接撕裂，他们做出适配的阴阳楔横穿接头中间，这样联结的两片就不能前后滑动。为防止接头毁坏扭曲，他们又制作适配的凸舌和沟槽，两端相连接，锁在一起。最后，横向打孔，穿入木键。

木材端面和侧面相接是做框架和房屋建筑的基础。更为基础的是，要让直立的柱子与横梁联结，形成四方形的框架。墙上的横梁沿着房屋四周从一根柱子跨到另一根柱子。联结的横梁沿着房子的宽度从一根横梁跨到另一根横梁，产生一系列的隔间。

卯榫接头是做框架的关键，精准掌握这项技术，才可制作巴格奥斯特维尔德和其后的所有的桩柱-横梁建筑。成功的连接取决于榫卯的密切配合，凸榫切削到端面木纹，榫眼切削到侧面木纹。（做家具与建房子用的一样多，但是家具多用圆头榫接，房屋多用方形。）

凸榫越长越宽，越能抵抗剪切和弯曲。如果柱子上的榫头在其末端，要削细留"肩"，使接头抗弯曲、抗扭曲的力量更强。

木匠可以利用部分重叠的搭接或半搭接，使长的木头横越两根或更多的木头而不断裂。也可以切掉每片木材厚度的一半，横竖搭接配置。有时候，借助重力，搭接榫头更加牢固。搭接可以把一个大的集合构件与另一个连接起来，或者说，跨过一堵墙把一个屋顶与另一个连起来，防止像纸牌屋一样倒塌。

卯榫接和搭接可以一起使用在最重要的接头上，这个复合体把柱子、墙上的横梁、系梁和椽子结合在一起。

木材框架建筑，靠柱子支撑外墙。这些柱子必须通过横梁连接起来，放

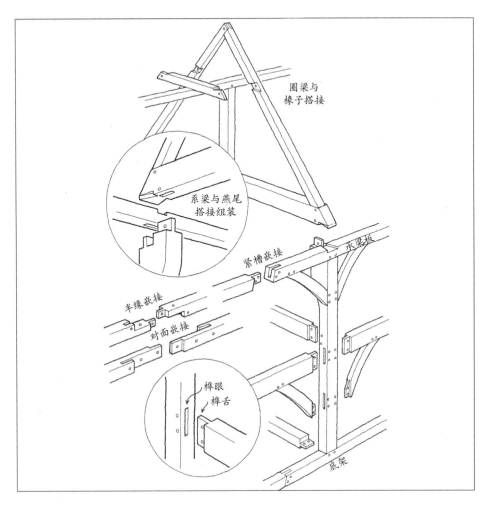

最重要的框架结构的榫卯接头〔理查德·哈里斯（Richard Harris）供图，《发现木框架建筑》（*Discovering Timber Frame Buildings*），夏尔出版社〕

进墙里，形成框架，再用系梁把两面墙体连接，防止放置屋顶时，墙壁分离倒塌。必须从柱子和横梁连接的屋檐到屋顶把椽子连接起来，从这一面到另一面。

在最早期的木材框架里，接榫是连续的单独制作的。凸榫嵌入墙壁的柱子里，榫眼打在墙里面的横梁上，系梁的凸榫单个插入墙里的横梁上，椽子榫头插入或者搭接在墙壁横梁的上面。这种组合方式既不美观又不很牢固，有风的时候，只要一个榫头坏了，就会造成互相摩擦。

木匠设想出混合模式的接头，加固连接。这些充满智慧的行动每一步都

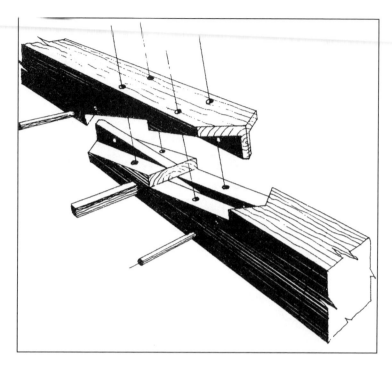

一个 13 世纪的重要嵌接〔理查德·哈里斯（Cecil Hewett）供图，《英国历史木工》（*English Historic Carpontry*），菲利莫尔出版社〕

像创作宏伟的歌曲和架构伟大的法律。需要沉思冥想，接头应该多大，在哪个部位加工切砍，衔接顺序、间隙和角度。但是，木匠必须通过实际制作把想象变成真实的接头，安装在一起，赐予世界。

记忆、推理和技巧三位一体，从中产生人类的真理。技巧就是制作本身。任何一个曾经做过的人，理解手工打孔的榫卯紧密结合有多么困难。在榫眼线上凿孔会使木片摇晃不稳。榫头木段的隐藏木疖会造成断裂。对于一个普通木匠来说，能够构想，并且带着耐心、坚持和敏感去做一个完美的接头还是很困难的。

这些接头常常需要把柱子端头留得稍微粗一点，做榫头时砍掉。有些地方，这些接头被叫作下巴颌骨，因为又大又厚，很像欧洲最古老的王室家族哈布斯堡的下巴颏。变化是多种多样的，但是目的都是要把三块木头连接在一起，形成一个坚实的整体。两个凸榫和一个搭接必须都嵌入一根柱子，一个凸榫和一个搭接嵌入的柱子与墙里的横梁链接。第二根柱子直接与系梁榫卯相接，系梁与墙壁横梁用楔形榫搭接。今天人们已经很熟悉这个成形的搭接，因为在细木工制作中用来安装抽屉侧板，搭接用来抵抗重墙倾斜和防止屋顶把系梁拉脱移位。椽子在系梁的上面榫卯相接。

这三种接头把建筑物的结构锁定。如果你有足够的力气，你可以举起一个已经装配好的框架房屋，然后再把它推倒，框架不会有任何损伤。在 1944 年真实发生的事，一枚德国火箭直接击中伦敦市区一家 16 世纪的主食店，砖墙倒塌，但是装饰华丽的木拱脚悬臂托梁的屋顶，实际上却未受损。

木匠的智慧
Carpenter's Mind

欧洲中世纪时期最伟大的作品不是绘画，不是雕塑，也不是教堂。它是 660 吨重的橡树建筑，威斯敏斯特大厅（Westminster Hall）橡树木材框架的屋顶。赫兰修（Hugh Herland）在公元 1393—1397 年间为理查德二世建造的。自那时起，6 个世纪以来，建筑学家、学者、工程师和考古学家一直在争论他是如何建成的。

任何一个建筑物的屋顶都是对木匠的考验，是最能表现他对看不见的无形力量充满想象力的理解的地方。屋顶由椽子、圈梁、檩条和瓦片构成，通常是建筑物最重的部分，而且不是直接固定在地面上。它向下和向外都伸张出最大的力，又总是暴露于风暴之中。

屋顶构架的每个部件，三角形或螺旋装配的椽子和系梁，这些是明显可见的力。屋顶椽子向下的地心引力压向承载屋顶的墙壁。系梁受力，承受两部分的应力。木匠在系梁上面安放圈梁，是一个小而更高的系梁，分流一些下拽的引力。圈梁下面的柱子或者一对拱形托架，把力分散到圈梁的中心。圈梁下面加放更多的托架，把力分散到墙壁低处，到达地面。

每个架构都要负荷，从一侧到另一侧变弱。典型的，3～8 个或者更多的桁架构成一个屋顶，它们可能甚或实际上已经发生过倒塌，在地面上摔成一堆。为了预防天气，木匠在一个构架到另一个构架之间捆绑长的、有时是嵌接的檩条，开出沟槽嵌入椽子，紧紧扣住圈梁。在系梁和柱子、椽子和檩条之间放置拱形防风托架，将风力向下传递到横梁，再到达地面。

由于建筑物规模增大，让建筑物保持站立的知识日益显得至关重要，也更加困难。对于跨度 20～30 英尺，单根木头尚可做到，但是更大跨度则需要

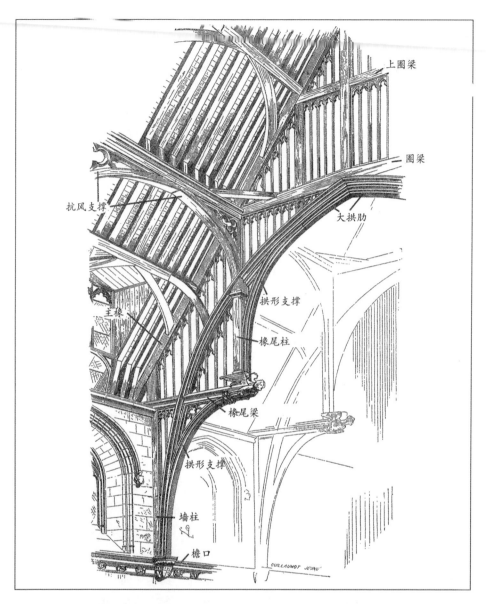

威斯敏斯特大厅屋顶结构〔艺术与建筑收藏，纽约公共图书馆，阿斯特、莱诺克斯和蒂尔登（Astor, Lenox and Tilden）基金会〕

不同的解决办法。木工开始把木材嵌接在一起，才能达到所需的宽度。在横梁上面加装吊柱，求得力的平衡，防止撕裂嵌接。建造结构上升的拱形塔支撑椽子。通过在两侧增添侧廊，甚至可以把大厅建得更宽，侧廊的外面是外墙，内侧有拱廊柱子支撑。

然而，没有一个屋顶像威斯敏斯特大厅屋顶那样大胆创新，那么美丽和充满智慧。在建筑开始之前的 3 年，赫兰修便开始为工程收集橡树木材，放置在他位于萨里法纳姆（Farnham）做框架的院子里，距离工地 39 英里。

他的建筑工程不是从破土开始。委派给他的任务是为诺曼大厅建造新的屋顶，诺曼大厅是以前为爱德华三世设计的。外墙跨度很宽，68 英尺，但是被大幅减少 20 英尺，两侧具有拱形侧廊。诺曼大厅的高屋顶，跨度必须达到 28 英尺左右。

赫兰修决定，不用侧廊跨过 68 英尺的整个宽度。这当然使理查德二世很高兴，他期待在这个又宽又高的大厅里举办国家大事。恰如一个教堂把世界引导到祭坛，这个大厅将会把平民百姓引向国王的讲台，而且是在国王建造的剧场里。

他们有理由相信，这个想法是可行的。一个多世纪以来，在比较小的跨度上，用橡尾梁取代拱廊柱，侧廊已经被取消了。重要的是，这意味着淘汰构成侧廊的台柱子，加大过道梁规格，使用拱形支架增强墙柱和新的橡尾梁之间的连接力度。

用悬臂梁构成的三角形，上面的柱子和橡子的基部在砌筑的墙上形成牢固的基础。柱子往下钻进梁里，朝向地面下推。橡子斜向插进石头墙里，向外推墙，三角梁承受中间的张力。拱形托架在下面固定三角的位置，整个的集合体把合力无损耗地传向地面。

对于木工，橡尾梁就像突然发生的重大变化的三角形基础，直接用在建筑物的墙顶上，譬如现在已经消失的位于诺福克的林盘宏教堂（Limpenhoe）。在那里，陡斜的屋顶和石头高墙交汇，每个构架都坐落在橡树的直角三角形上。柱子和一块平板（直接安放在墙顶上）形成直角三角形，橡子的底端是斜边。

现在，国王的两位亲属，冈特的约翰和荷兰的约翰（英格兰国王爱德华三世的儿子），自己都有带橡尾梁屋顶的大厅，是在同一时期建造的，不过，老世代的最宏伟的大厅运用了不同的原理。最早的在温莎城堡的圣乔治三世大厅的屋顶，是为爱德华三世修建的，可能是赫兰修的父亲威廉·赫兰（William Herland）设计的，使用了巨大的橡木拱形支撑。构架由托起项梁的对称的拱门支撑。

在温莎项目中，赫兰修是辅助木工。如果理查德想要超过前辈的大拱门，赫兰修不仅具备知识，还有格外的高度热情去继承工作。通过在温莎修建拱门，他不仅使老主人高兴，还为父亲和自己的技法增添荣誉。

然而，没有任何先例能够改变这一事实，即从来没有人在 68 英尺这样巨大的跨度，不使用中间立柱。为威斯敏斯特人厅设想的屋顶，几乎是景辛密的对手的宽度的 2 倍。

正当赫兰修要实现他的设想之时，屋顶似乎使用了椽尾梁和拱形来解决问题，同时利用三角形向地面传递力。

木工没有足够大的橡树去做这样一根椽子。需要大量的主要椽子，大厅 12 个分隔区间需要 13 对椽子，其横断面为 12 英寸×17 英寸。这意味着拱门本身不能支撑，因为嵌接的木材会弯曲。需要大量的椽尾梁和椽子支柱，固定沉重的椽子基础，但是用什么固持椽尾梁呢？头脑里充满这些问题，赫兰修设计和建造了威斯敏斯特大厅的新屋顶，使用拱门和椽尾梁。

整个结构，首先在法纳姆的框架院子铺开。没有任何规模的木材框架建筑，是在没有先行铺开的情况下就开始动工建设的，连接和安装都是在地面进行的。在古代木材建筑的框架上，仍然可见的罗马数字和其他标识告诉初建木工，每一个部件的位置和安装顺序。确实，木工趋向物质材料的一个原因，是他们必须拥有一片属于自己的重要土地，储存橡树木材，制作框架。

项目开始的头两年，主要花时间制作最重要的 13 个框架及其所需的几千个榫头。最后，在 1395 年 6 月 1 日，命令发出，将"300 名壮汉"带到法纳姆，开始把准备好的材料运往伦敦。接下来的一个月，四轮运货马车每天把 5 车橡木，运送到位于泰晤士河畔的金斯顿的汉姆，在那里装上驳船，水路运输到伦敦。

当这些木材运到工地时，赫兰开始修建，可能使用了前一个屋顶剩下的拱形柱子和其他材料。首先，他把巨大的墙柱放进石头墙的槽口里。这些部件是已经雕刻过的，带有连接托架和拱门的榫头，因此很像带有雕刻的维京舰的船身。然后，他安装托架，支撑旧的拱形柱子，就可以固定不动。接下来，他把椽尾梁和托架顶端用榫头连接，椽尾梁上面的椽尾柱和下面一段的椽子与椽尾柱和椽尾梁连接。接着，从一根椽子到相对的椽子之间竖起项梁，这是第一次，把两个半构架连接起来。然后，安装拱门，把许多细小的核心部件集合起来，装入升起项梁的托架。项梁上面是支撑屋顶的内柱，上面矗立着的吊梁中柱直达屋脊，最后形成一个巨大的等腰三角形。

13 个巨大的框架全部安装起来。檩条和一系列精心制作的拱形支架安装到位，与框架连接，增强抗风刚性，承受全部椽子的重量。在框架的所有空隙，插入细木板，就像长长的百叶窗。在椽尾梁的端头上，雕刻出既是这个高大建筑的支撑象征，又是祈求希望的飞翔天使。

然后，他们撤去了支撑的横梁。

这是第一次，屋顶自己站立起来了。从那时起，它已经站立了 600 多年。

许多木工一定学习研究过它，但是没有人能够超越它。在工程师和建筑师开始分析威斯敏斯特大厅的宏伟屋顶之后不久，工程和建筑行业在科学革命中产生了。

有的人说，屋顶站立是因为墙柱立在石头枕梁上。还有些人说，他能存留下来是因为大量的椽子。更多人归因于椽尾梁，其作用就像悬臂。一些人嘲笑这种做法，声称很少装饰椽尾梁。一些人说，椽尾梁是一个巨大的拱门，其余的只是托架，或者同时既是拱门又是托架。还有些人评论道，这些拱门不是真正的拱门，托架也不是托架，椽子更算不上椽子。工程师们确实研究过，数字处理，模型测试，最后用计算机程序处理。但是仍旧没人能够确切知道，这个世界上最宏大的木材屋顶为什么能够屹立。

但是直观上，几乎每个人看见它，都觉得它应该站立。假如你设想，重力和天气对其中一个构架产生影响，那么整个精心制作的结构便会出现反应。作用力使庞大的混合构成的椽子滑落下来。在那些斜接的地方，项梁固定的构件就会遭受损坏。更多的力则会从屋脊向下传递，经过吊梁上的中柱，重新分配的力到达项梁。项梁把大部分的力传递到成对儿榫接的椽尾柱。椽尾柱向下砸在椽尾梁上，作用力经过墙头和墙柱，溢出建筑物到达地面。

可以更清楚地看到，这个屋顶具有三个起作用的坚固三角形：第一个是等腰三角形，从屋脊伸展到领圈。第二和第三个是直角三角形，在领圈下面和旁边由椽尾柱、椽尾梁和椽子构成。但是那些托架和拱门起什么作用呢？

不同于现代建筑，威斯敏斯特大厅的屋顶是分析不透的。它不是由善于分析的头脑建成的，而是由一个木匠的头脑建成的。区别是什么？

中世纪的木工做了或许被现代工程师称之为"画蛇添足"的东西。那些木工称其为坚实的、明智的、正确的和恰当的。木工的知识来自他们的双手感知，来自他们在林地里和材料场所认识的材料。他经历过长期磨炼，最初几年可能使用不很锋利的工具，制作榫头。木工对于行动方式具有深邃的视觉想象力，因为对各种场合里的所有橡树木材建筑物司空见惯。每个建筑物都以特殊的方式解决弯曲、站立或失败问题。

对于木工，第一美德是谨慎，不是节约。他倾向建立繁琐的体系，很像橡树做的那样，具有休眠芽、很多分枝和几百英里长的树根。一处失败不会导致整个东西垮台。威斯敏斯特的椽子可能太大，椽尾梁可能太细。托架朝向各个方向伸展。拱门起的作用似乎不像想象的那么重要，但是确实能固定椽尾梁和椽尾柱。在一个屋顶比例模型测试中，当檩条被拆除的时候，整个建筑立刻坍塌。然而事实是，经过多年，木材已经腐朽，许多墙柱脱离了檩条。

没有一件东西能撑起威斯敏斯特大厅屋顶。据此而论，犹如橡树已经做出的那样：没有一样东西比它更为优越。

桶匠先生
Mister Cooper

让我们看看一个液体桶的桶匠（wet cooper）工作。他从未经过加工的白栎木材开始，用劈板斧把原木劈成狭板，锯成桶板的长度，用宽刃短斧修成桶板的形状。他用两端有柄的不同半径的刮刀，刮出凹面和凸面，再刮出桶板的方形边缘，桶板拼接后，半径直线相交于桶的中心。他用临时做的圆环围住所有的桶板，举起来调整合适，然后在桶的中心用小火对木材加热，木材开始弯曲。他旋转发热的散发着甜味儿的橡木，一圈一圈儿地加箍。他让火一直烧着，直到最后定型。等到一凉下来，他便开始刮擦新桶的里面，刮得光滑的用于啤酒，粗糙的用于葡萄酒或威士忌。他修理和连接桶的端面，在木头上画圆圈，最后装上桶箍。他钻出桶孔，安上塞子。桶就做成了。

"制桶工人没有业余的。"肯尼斯·基尔比（Kenneth Kilby）在其回忆录《制桶匠和他的买卖》（*The Cooper and His Trade*）中描写过最后一个英格兰制桶工人。当你看到一个制桶工人的工作，你就理解了他为什么不用直尺、卷尺和我们这个精准时代的任何工具，就把木头段子变成了巨大复杂的复合体形状。

如果你从来没有见过酒桶，你也许不会相信还有酒桶存在。它们只不过，看起来既是管状物又是球体的东西。试图想象，一件什么东西都可以盛放的容器，包括威士忌、钉子或者黄油，重达半吨却不会破裂或泄露。它能够稳稳地坐着，也可以5只摞起来，当然，你还可以沿着道路向下滚动，朝任意一端轻轻地用力，就可以改变方向。

无论是谁，最先发现这个形状的人都是天才。17世纪的数学家和天文学家约翰内斯·开普勒（Johannes Kepler）在第二次结婚的时候，一个葡萄酒商人企图欺骗他，于是他对酒桶的最大容积进行了计算。这个商人计算葡萄酒的价格，是通过测量从酒桶中间的出酒孔，向上到酒桶顶端的距离来计算的。"请等一下，"开普勒说，"如果酒桶又细又长，其容量可能会与量度相同，但是仅量度与又粗又短的桶完全一样。"而且，第二种类型容量可能更大。

他做了计算，并且找出了可能的最大容积。令人诧异的是，奥地利已经有了同样容积的葡萄酒桶。开普勒意识到，制桶工人很久以前就已经觉察到，并且解决了这个问题。

在立体几何里，这样定义桶的形状，"一个由具有同心轴和中间光滑弯曲的对称的平行侧边，与环形顶部和底部构成的回转体"。实际上，它是一个由许多狭板制成的截去顶端的椭圆形球体。每一块狭板都是纹理通直、无疖的橡木板，中间比两头宽，弯曲形成"大肚子"，装配成酒桶。如果没有恰当地切削、火烤或弯曲，酒桶就装配不起来，或者歪歪扭扭。如果你的酒桶歪斜，别人会说你做的是"醉鬼"，就像喝多了的醉汉。如果桶的腹部太小，看起来像矩形，其他人会说，"你也就是一个木匠而已"，这是一句损人颜面的话。

酒桶的制作很玄妙。不是谜，是神秘。一个有志于或者已经在学习这门手艺的男孩，很可能从来没有听说过几何学，但是过了 7 年学徒期以后，他可能成为镇子里几乎无人能比的实践几何学家。他仍然没有听说过几何学，但是他已经掌握了手段，能够制作任何特定容积的酒桶，精密而不会泄漏。他已经赢得了在这一行业中称之为"先生"或"大师"的头衔。

"先生"这一荣誉头衔，纯粹是（消失了的）礼貌性的。很少有人知道这个词的起源。然而，在橡树时代，这个单词代表一门工艺大师。它是一个巨大的荣誉，有别于现时流行的许多其他荣誉称号：诸如某某爵士、某某先生、具有荣誉头衔的各类骗子、尊敬的牧师和最受尊崇的牧师，等等。大师意味着一个人已经熟练地掌握了一种复杂的工作，手与眼和头脑高度协调，互相配合，能够做得很好。

托马斯·杰斐逊雄辩道，伟大的民主精神正是从这些人群中产生的。不仅仅是爵士先生们、荣誉者和教士们，还有城乡行会。先生是一些碰到和改变耐用材料的人，通过训练，其智力达到很高的水准。他们面对如何生活和如何组织社会的问题，比起那些置身于或高或低的社会等级的人们，他感到更受到信任。的确，美国革命在欧洲深深地受到尊重，认为它代表着精准的建立在这些路线上的新实验：这些先生们负责管理。

在殖民时期的美国，城市又少又小，通信线路还很稀少，先生们多是自耕农。他们的想法是耕田和做手艺活。土地和耕作保障他们的生计和身份地位，同时展示他们的手艺，满足自己与邻居的需求。像任何人一样，他们熟知自己的手艺，因为顾客可能是住在离他们店铺 5 英里以内的上百个邻居们，他们不能只靠制作酒桶和奶油搅拌器具过活。

在比较大的城市里，确实，有一些专职的制桶工人、家庭主妇、铁匠和搬运工，但是在乡下，一个人可能既耕田又做酒桶，既耕田又做牲口棚，既耕田又铸造工具。即便是在今天，农民不再是主要公民，用技术娴熟的工作来补充农场收入的传统仍然保持着。一个农民可能还是机械修理工、拖拉机修理工或铁匠，甚至是银行家。自耕农是被训练成对各种生活需要应付裕如的人，因此，是随时可以信赖的公民。

工具是每个行业的关键，技术变化则是冰川。古罗马的制桶工人使用的工具，基本上与 19 世纪中期，欧洲或美国的制桶工人使用的相同。从 7 世纪拜占庭废墟发现的制桶工人的工具，与今天传统酒桶制作的工具完全一样。那么，在 1300 年间，工具没有发生变化。

工具是制桶工人藉以接触橡树并使之成型的媒介。通常是，首先确定外形，学习切削。有的用于劈开、刮光和打眼儿，有的用于刨平和接榫。这些工具全部都有刀刃，有些是两面的，有些是斜面的。有些工具是直的，有些是弯曲的，有些具有弹性，可以弯曲成环形。

学徒必须在砂轮上重新打磨变得很钝的工具，工作时用脚踏，在水中旋转。水可以使石头和锋刃不会退火，退火的工具几乎没有任何用途，因为再不能弄出锋刃（参阅 87 页）。

当磨好以后，还要使工具更加锋利，学徒使用磨石。在大部分人类历史中，人往石头上吐口水使之润滑。在 19 世纪，最好的磨石叫作油石，因为常常使用抹香鲸油来润滑。

制桶工人常常检测锋利程度，他们的酒桶必须足够严密，葡萄酒或啤酒不能渗漏。他们拿一片长鸢尾叶子（扁平的），靠工具自身重量用锋刃切下去，如果切得参差不齐，说明不够锋利。一个新学徒要学会的第一个教训，就是不要试图抓住掉落的工具，如果很锋利的话，手指会被切破露骨。

一个学徒工必须去磨斧子、刀、刨、钻等各种工具。待到一个学徒工，能够会磨所有这些工具的时候，师傅表示满意，他对于所有知识都具备一点，就像一个能解二次方程式的人一样。

学徒工现在有了锋利的工具，但是他还没有做出来一个酒桶。为了做到这一点，他还必须学会，如何从球面几何学转变成平面几何学，然后再转变成球面几何学。而且，不仅仅是一或两个规格。制桶工人，能做出 100 个不同大小和不同形状的酒桶。白色制桶工人（white cooper），就是制作酒桶、大酒桶和奶制品搅拌器的，能做出 35 种不同规格和类型的桶，而干料桶的制桶工人（dry cooper）还能做出另外 100 种左右。

他必须学会做的第一件工具是劈板斧（锛）。

新砍伐的橡树树干是一个圆柱体，叫作木段子。最简单的办法是把段子做成矩形板块，去掉凸边，然后切片。这不是用来制作桶板的，没必要密不渗水。

走在便宜的凹陷不平的木地板上，令人感觉不快，但是，使人更为烦恼的是发现桶板变形，葡萄酒像血一样渗漏出来。制桶工人的第一个任务，就是用锋利的劈板斧，径向劈开树干，做成桶板，这样能显著减少干缩变形。劈开的板子要比锯开的更容易去除水分和真菌。他用木槌，将劈板斧打进棍子，顺着木头用杠子撬起来，把木材劈开。制桶工人只是使用锯子把板子锯成一定的长度。学徒工要学会使用的下一个工具是大斧。他必须把板子做成方形，砍去容易腐朽的边材和树皮，让板子干燥或风干。（橡树生材容易劈开，但是干燥以后容易收缩变形。）有疖子和瑕疵的木头留做薪材。

每一只大酒桶，至少包含 24 片桶板，每一块桶板，必须切成相等的弧度和边缘。学徒工不停地测量。他切削好一片自己满意的桶板，用作模板，然后再开始做其余的。他不仅必须做出能够直立的球形，还必须确保足够大的腹部，以便盛下正确的容量。这是在正确做出一种规格的酒桶之前，需要磨炼几十次，才能获得的技巧。然后，当然还得学习制作至少上百种其他特殊规格的酒桶。

据说，一个制桶大师眼睛盯着狭板，只用斧子。他们不仅能够砍出合适的角度，而且沿着长边弯曲，很好地适配将来做成的不可见的酒桶半径线。但是，如果完全不是编造的话，这种娴熟技术是很少见的。

通常，把木板再变回球面的球面几何学，还要涉及三个步骤：首先，徒工用刮刀在将要用作桶板的板条内面刮出凹面。接下来，他用另外一把刮刀在外面刮出凸面。为了完成这些操作，他把狭板放在带有设计独特的脚踏板的刨工台上，坐下来，叉开双腿，刮刀的刀刃朝向自己，开始快速地工作。做这项活儿的时候，一个富有经验的桶匠，削出的刨花旋转飞舞，而一个生手，却非常担心自己生殖器的安全。

第 3 步，修饰桶板是最重要的。把桶板的直线面转变成陡角面，仿照想象中的酒桶球形半径，把12块桶板紧密地安装在一起。合适的工具叫作接缝长刨。实际上，是把一个长刨子装进又细又直的水青冈木头盒子里，一端踩在地面上，另一端支在腿上，形成一个倾斜的长刨，中间是锋利的刨刃。以合适的角度把桶板推过长刨，学徒工学会了切出半径线。

对于基本桶，这些线条必须准确，圆周误差不能超过1°，但是他从不使用任何测量工具。他的眼睛就是矫正器，眼力训练持续整个学徒期。实际上，观看一个人刮削一小块木片，然后再装配起来，挺令人愉悦的。如果不是很精确，那就必须重来，直到合适为止。

准确性，不是精确性，是一个学徒工花费时间和精力去学习的。如果他试图判断任何事物，渗漏的酒桶可以为他提供经验，他学到了好的技术和难能可贵的判断力。这是对头脑、性情和眼与手的训练。

当全部桶板都做好了，徒工把它们架在临时的桶箍上，看是否合适地联在一起，装上第1个定型的桶箍，喊道"架起来了!"如果有其他制桶工人在店里，他们会帮助用火烤桶。他们把桶放在一个较低的生火容器上，里面装满从地上收集起来的刨花。火把木头烤软，这时制桶工人，用锤子一个接着一个地敲打不同规格的桶箍，直到酒桶达到满意的形状。酒桶凉下来以后，工人还要修理两端和里外两面，装上合适的出酒孔和龙头，一个球形管奇迹般地出现了!

到这个时候，一个学徒工在店里的学习就"通过了"。（我们现在描述某人喝醉了常用的习语，迷迷糊糊和意识不清，就可能是从学徒工的毕业典礼衍生出来的。）学徒工可能不记得确切的日期和时间，但是，有一天他喊"架起来了"的时候，店里的其他制桶工人就会假装过来帮他。他们会把他塞进酒桶，在车间地面上滚来滚去，一边喊叫，一边往他身上撒木屑。最后，让他从酒桶中爬出来，给他一点儿零钱，祝贺他学徒期满出师，成为熟练的制桶工人，成为独立的人。在受到这样的粗鲁对待之后，学徒期满的制桶匠很可能还会一次次地经历更多的出师情景。

在日常生活中，制桶工人的工作并非是微不足道的。葡萄酒、烈酒、苹果汁和啤酒，过去全都需要在酒桶里陈酿，在一定程度上，现在仍然如此。但是，更多的还是保留在其他辅助容器里。蒸馏是在桶里，桶还用于采矿。在桶里洗衣服，水被带动旋转。牛奶在桶里搅拌，倒出来的是黄油和奶酪。在桶里盐渍肉类和腌制蔬菜，储存薄脆饼干、面粉和糖；各类五金器具和计算机硬件装在桶里运输。在中世纪，每一个已婚妇女至少都有五六件桶状容器，因此在欧洲桶状的手工艺品可能比人还多。甚至到了第一次世界大战的时候，英国每年还制作 100 万只桶，只是用于鲱鱼生产。

一些酒桶是消耗性的，有些制作精细的酒桶，可以使用几十年。一只好的葡萄酒桶的寿命可能比其制作者的寿命还长，伍斯特郡（Worcestershire）调味酱在超大的酒桶中陈年，长达 70 年之久。当德国物理学家格里凯（Otto von Guericke）在创造第一个真空的工作中，他是从使用酒桶开始的，因为他知道，它能够承受巨大压力。确实，一个液体桶匠制作的酒桶，每平方英寸①能够承受 30 磅的压力，大约与汽车轮胎相同。托运贵重货物可以使用好的酒桶。当一个海军将领死在海上的时候，用一小桶朗姆酒对其遗体消毒运回国。一个喝醉了的水手，可能会坦白地说，他汲取了将军遗体里的酒。

尽管过去和现在都有机械制桶工厂，但是工艺过程本身，并没有很好地传递给机械化。一个机械制桶工厂有许多机器，每一个用于不同的操作。它更像一个木材工艺厂，不像一般的工厂。因为没办法像要求制桶工人那样，去对不同的酒桶实行标准化。机器只是帮助人，不能取代操作机器的人。手工和机器并用制桶，直到两次世界大战之间的时期，这个行业急剧衰落。

灭掉制桶行业的有三样东西：瓶子、铝制品和叉车。18 世纪以前，玻璃瓶子很少用来装葡萄酒和啤酒。当玻璃瓶子更普及的时候，对于酒桶的需求放缓了。啤酒和麦芽酒实际上与橡树没有反应，如果有的话，就会变酸，因此，不用酒桶算不上什么大事。至于葡萄酒，需要与橡树木材里的单宁发生反应而获得各种特性，进一步陈化和运输，然后装在瓶子里出售。铝制桶出现在 20 世纪，进而减少了对于制桶工人的需求。铝桶比木桶结实耐用，对里面装的东西不产生味道影响，利于大规模的长途运输，更进一步减少了对木桶的需求。

但是，叉车是最坏的，因为特别需要用它来搬动瓶子。木桶会滚动，需要牺牲更大的生产空间。用机器搬动各种可滚动的容器，实际上存在缺点，为什么不把少量空间留给上产？因此直线型的容器胜过了木桶，木桶只用于葡萄酒和烈酒陈化，因为没有其他替代品能像橡树那样，对发酵和蒸馏产品的风味产生影响。

还有，制桶业实际上是被遗忘了的技术，只是在本行业中称其为手艺的少数人还在做。作为替代行业，瓶子和金属桶的制造与叉车操作，不需要很大的技巧，只是重复操作。当然，操作机器需要技术，但是，完全不需要像

---

① 1 平方英寸 ≈ 6.45 平方厘米。

制桶大师所要掌握的技巧。在这些情况下，人们使用机器制造和搬运。

重要的是，制桶和其他手工活计要求头脑和双手同时并用，还需要激情。需要克服障碍，手艺人必须掌握由认知、记忆和动作组成的诀窍。记忆、推理和技能是上帝赐予人类的三件礼物，这三种天赋自发地同时并用，是成为人类和作为人类的先决条件。

手工制作是耐性的学校。反复加工耐用材料必须具备耐性。从来没有对与错，只是越来越接近全部有用的方法。

耐性是欢乐之母。正是通过耐心，我们能够保持彼此之间长期的爱情陪伴，通过耐心，我们可以合作完成一项任务，通过耐心，我们可以从糟糕的处境走向完全好的处境，通过耐心，我们可以忍耐自己愤懑和失望的生活。有耐心的人，等待，倾听，期待，希望，养育，照料，记忆，表达，信赖，谦恭。缺乏耐心的人，索取，易怒，急迫，猜忌，粗心大意，健忘抱怨，不可信赖，胡搅蛮缠。

皮匠先生
Mister Tanner

I buy hides and skins and I prepare them by
我买皮革和毛皮，

my craft, and I make them of boots of
用自己的手艺加工制作

various kinds, ankle leathers, shoes,
各式式样的护踝，鞋子，

leather breeches, bottles, bridle-thongs,
皮马库，皮瓶和缰绳，

flasks and budgets, leather neck-pieces,
长颈瓶，皮绳和皮领带，

spur-leathers, halters, bags and pouches,
马刺和笼头，挎包和小袋，

and nobody would wish to go through the

无人不想用我的手工艺品

winter without my craft.

度过寒冷的冬天。

—a tenth-century shoemaker

in Aelfric the Grammarian，

Colloquies

——10 世纪的鞋匠

参见埃尔弗里克的文法学者对话

制革工人，并不是以其巧妙精练的工作而为人称道。他们的工作是把动物的生皮或毛皮加工变成皮革，常常是带着蹄子、皮毛、肥油和血块。一个制革工人每一天都要击打、刮擦、冲洗、拖拉、去皮、擦洗和拉伸湿漉漉的生皮，宽达 8 英尺，重如草堆。

工作糟糕透了，充满臭气。在整个西方世界，村庄和城镇都规定，不能在居民区的上风口和溪流的上游，建立制革厂。带血碎皮的气味够糟了，尤其是腐烂发臭的，但是制革工人还会将其装进袋子里，连同刮下来的毛，把这些发臭的东西卖给做毡垫和做地毯的人，或者混入灰泥。最糟糕的是鞣制皮革，把生皮子浸入鸡粪汤里。

尽管如此，制革工人从来不受排斥。他是"神秘"链条的关键环节。他的皮革是所有人的必需品的基础，例如皮鞋、凉鞋、靴子、皮瓶子和马具。没有皮匠，就没有人能够在寒冷的冬天、在滚烫的沙地、在崎岖的地面上工作，牲畜也不能耕田，士兵不能行军作战，而且数量太少不能用桶装的液体就无法运输。鞋匠师傅、马具师傅和制瓶师傅（Mr. Butler；Butler 一词是 Bottle maker 的缩写）也都不能工作，更不用说做手套和装订书籍的师傅以及与皮匠工作相关联的制革师傅和鞣革师傅。

所有的皮制工艺品都依赖于制革工人，而制革工人又依赖橡树。确实，鞣革（tan）这个词是由拉丁词橡树树皮衍生而来。当磨碎的树皮连同生皮一起浸入水中，释放出来的单宁防止兽皮腐烂，使之变得柔软防水。

是谁在什么时候，最早制出皮革，不得而知。但是，鞣革是最古老的手工行业之一。在考古地点发现的骨质刮片的形状和大小，与 1 万年后制革工人使用的去毛的双柄弯刀完全一样，直到 20 世纪初期。

鞣革加工，费力又气味难闻，但是很复杂。制革工人不知道为什么鞣制会起作用，但是他们知道它确实有效，这种方法毫无变化地从罗马时代传沿下来，直至 19 世纪。

在橡树林，树木在春天里发出新叶的时候，扒树皮的人便来到树下。有时候，制革工人扒下自己树上的树皮，为了鼓励制革工人，有些城镇每年会授权，一定数量的共有橡树可以剥皮，但是，常常有男人和妇女儿童作为日工，成群结伙地来剥树皮。

这项工作必须尽快做完，因为只有在早春时节，树皮容易与木质部分离。剥树皮常常像假日一样，因为打破日常工作，可以获得外快。在实施义务教育以后，教师在课堂上看到缺少学生。"上课的人在减少，" 1865 年威尔士的一名教师这样写道，"孩子们都去树林里搬运树皮了……，搬运树皮可能会持续一个月左右。"

生产单宁的最好的树皮，产自萌蘖的橡树，25～30 年为一个收获期。大约在这个年龄，又高又直的树干的内皮层含有丰富的单宁，没有过多的外层树皮。无论大小，所有的橡树都可以用。

如果一株大橡树伐倒了，扒皮的人拿着砍刀、铁铲等剥皮工具蜂拥而至。首先，第一个人用快刀围绕树干砍出一圈，然后在环圈之间竖着砍下去。第二个人重重地敲击树干，使树皮松弛。第三个人，使用小铁铲插进树皮下面，把树皮撬下来。

当树皮脱落下来的时候，发出咔咔的响声，所以剥皮的人群就像一群鸭子。一个熟练的剥皮人可以剥下下一块长 6 英尺、宽 1 英尺的树皮。剥掉树皮以后，树干看起来就像露出白骨。

所有年纪的人都参与这一工作。年纪大的男人和妇女做地面工作，或者从小树上取皮，或者帮助敲打大的树干。年轻女人架起梯子，从较低的树枝上剥皮。年轻男人爬上伐倒的树干，爬上侧枝，把树皮剥下来。儿童搬运树皮，堆起来晾干。

粗糙的外层树皮被剥下以后，用石磨把富含单宁的内层树皮研磨成粉，这就准备好了，等待制革工人使用。但是，在把兽皮放进鞣制大桶之前，制革工人必须进行处理，以便收回流质。

他首先将生皮浸入水中，让它变软，显现光亮，再把它晾在倾斜的原木上。他身体斜靠在原木上，尽量刮掉生皮里面的肥油和鲜肉。

然后再把生皮丢进石灰桶里，在桶里停留，直到开始脱毛，再捞出来，

一伙剥树皮的人〔罗干（W B Logan）收藏〕

用水清洗。再现光亮面，再把生皮有毛的一面朝上，这次制革工人细心用力地将毛脱掉，直到纹理显现出来。制革工人翻转生皮，再次用力去刮生皮带肉的一面。

所有这些粗重的手工操作都是为了脱毛和去除皮肤外层，也就是外层表皮和内层鲜皮。留下的只是真皮和完全由胶原蛋白组成的蛋白质网。

然而，在鞣制之前，有一个气味最难闻的环节是必不可少的。皮匠把兽皮扔进配料桶，浸泡在水和发酵的鸡粪（有时也会使用狗和鸽子粪）中。在接下来的几天中，皮匠搅动桶内的兽皮，然后取出来，刮净发亮，再放回去，如此反复两三次。

鞣革加工的这一部分是如何发明出来的，很难猜测，但是，的确很重要。后来发现，发酵粪便中的氨气与清洗兽皮过程中残留的石灰产生反应，将石灰提取出来，使得皮肤的孔隙清洁张开。

把生皮投进鞣制桶里，树皮产生的单宁进入皮孔里，与胶原蛋白产生交联反应，产生一种新的物质，就是皮革。

将一块大的兽皮完全鞣制好，通常要一年之久，单宁液体会发生许多变化，但是产品最终会或多或少的具有防水性和耐腐性。

皮匠，或者他的合伙人制革匠，将会修整皮革，使之闪光，在桌子上展开，擦掉油污，表面染色，让皮革柔韧，富有色彩，完成制作。

皮匠和制革工人在其手工实践中的坚忍不拔精神，赢得良好声誉。荷马在其《伊利亚特史诗》（Iliad）中对他们的力量做了明喻。两支军队争夺普特洛克勒斯（Patroclus）的遗体，英国诗人亚历山大·波普（Alexander Pope）翻译如下：

> *As when a slaughtered bull's yet reeking hide,*
> 当一头被屠宰的公牛的皮还在散发强烈的臭气，
> *Strained with full force and tugged from side to side,*
> 从一面到另一面，用力绷紧拖拽
> *The brawny curriers stretch；and labour o'er*
> 顽强健壮的制革者拉伸；全力
> *Th'extended surface，drunk with fat and gore.*
> 展开表面，沉醉于脂肪和鲜血。

制革工人的工作是艰苦和令人生厌的，但是，他可能是你在困境中值得依赖的人。赋予一个制革工人的一项赞美来自英国童话罗宾汉。除了一个名字叫亚瑟·布兰德（Arthur Bland）的人以外，没有一个人在公平较量中是罗宾不能战胜的。

两个人在舍伍德（Sherwood）相遇，同时站在一条长桥上，不能掉下桥的任何一边。为了确保较量安全，两人各持一根橡木棍子。罗宾首先流血，亚瑟不仅打破罗宾的头顶，还把他踢下桥。

作为亡命之徒，他又爬上来，问对手的名字，要求再打一个回合。在霍华德·派尔（Howard Pyle）的版本中，回答是这样的：

> *I am a tanner，hold Arthur replied.*
> 我是一个皮匠，亚瑟回答道，
> *In Nottingham long have I wrought；*
> 我在诺丁汉长期工作；
> *And if thou wilt come there，I vow and I swear，*

如果你到那里去，我发誓，

I will tan thy hide for nought.

我发誓，我不会为你鞣制皮革。

两个人发生争吵，后来亚瑟成为罗宾的得力助手。

永恒的墨水
Ink Forever

永恒，高尚，坚强，优雅。这些，都是男人和女人从橡树寻求的优秀品质。同一株橡树，世世代代地矗立在森林中。这种树木的非凡形象启示着耐力。它可以固持 3 吨重的枝条，向外伸展的幅度与树高相同。古董家具的收藏家，通常都是橡木家具收藏者，不仅因为是用橡木制作的，还因为大部分橡木不受家具蠹虫的危害。其他木材的家具长久保存，需要耗费大量的精力。

这就难怪，古代人寻求另外一种方式，使橡树特有的优点得以利用。对于他们来说，橡实、木材和树皮统统都很重要，但是同样重要的还有橡树的球瘿。球瘿这一名称，源自拉丁文 *Gala*，实际上，这个词的含义是苦涩的意思，因此，人们必须尝试一下。然而，由单宁含量的浓度引起的这种苦涩性，却把它的用途隐藏起来。压碎胭脂栎的球瘿，你会得到一种鲜妍的大红染料，用于皇家服饰染色。阿勒颇栎（*Quercus infectoria*，Aleppo oak），与铁混合可以获得蓝黑色的染料。（还有许多其他栎树含有相同物质。）古罗马学者普利尼知道这些染料。他还注意到，铁钉子钻进橡木，会出现黑色斑驳的洞。他去非洲旅行，很可能看见过一条流着黑水的河，一条富含可溶性铁的溪流与另一条含有单宁泥炭的溪流在这条河里交汇。

墨水被发明出来，时间可能不是很久，由中国人和埃及人各自独立发明的。古希腊哲学家泰奥弗拉斯托斯（Theophrastus）曾经观察球瘿。使用油烟制成的书写液体，即从燃烧石油、树脂或焦油遗留下的灰烬与植物胶或动物胶的混合物，胶体有助于液体在书页上流动和固定。这些墨水可以使用，但不耐久。由于酊剂固定在书写纸页的表面上，很容易留下污迹或者擦掉。实际上，它根本不是工艺上的"墨水"。因为墨水（*ink*）这个单词，衍生自意大利语的单词 *inchiostro* 和法语单词 *encre*，最终是拉丁文 *incaustum*，含义为

"在里面燃烧"。而早期的墨水并非"在里面燃烧",只是停留在页面。

在基督时代早期时候,有人突然想到,用铁和橡树球瘿制作的蓝黑色染料,可能会做出更好的墨水。最古老的秘诀,从公元 5 世纪,马尔蒂亚努斯·卡佩拉(Martianus Capella)的拉丁百科全书《七种自由艺术百科全书》(*Encyclopedia of the Seven Free Arts*)流传下来。把硫酸盐(一种自然存在的铁铝化合物)、捣碎的橡树球瘿(用其单宁酸)、水或葡萄酒和阿拉伯胶(由相思树液产生的黏合剂)配合在一起,这个配方,与现在西方书写用的主要的铁球墨水基本上相同。这是一种真正的墨水,因为溶液很快渗入纸里,并且氧化变黑,固定在纸的纤维里。

然而,500 多年来,这种永久的墨水,似乎没有得到任何改进。它是一种没有健全和范围宽广的贸易,就不能制造出来的物质。最好的硫酸盐是从矿物中获得的,从岩石中滴落出来的一种溶剂,用桶收集。它含有多种矿物质,但是最重要的是硫化铁。希腊人把它叫作紫铜色的血(*chacantum*),罗马人称其为染黑的东西(*attramentum*)。产量最高的矿物,在今天的德国。

球瘿-单宁酸可以从多种橡树的球瘿获取,甚至从橡树和板栗的树皮获取,但是,迄今为止,最高的浓度是在一种灌木状栎树的球瘿中发现的,这种灌木在阿勒颇附近生长繁茂,即现今的土耳其境内。作为一种橡树,这种树木非常不引人注意,但是其球瘿确实很强大。这种树的种名取自墨水用途:土耳其墨栎(*Quercus tinctoria*),即墨水栎。

阿拉伯树胶是一种从相思树流出的凝结的树液,这种相思树自然分布于从地中海地区的东部直到埃及。它是一种理想的媒介,因为它溶于水,流动性好,色素粒子保持在悬浮状态。尽管蛋白在欧洲是常用的固着剂,但是很少用于球瘿墨水。

确实,在十字军之前,欧洲很少使用球瘿墨水,但是从 11 世纪初期,当原料容易获得以后,便很快流行起来。它要比油烟墨水好得多,被称为"英迪亚墨水"。它在纸上流动性好,笔画更清晰,总之一句话,它真正是永久性的。

尽管它只是灰白色,球瘿墨水是在书写纸上氧化,生成一种新的铁-单宁色素,呈现深蓝黑色,不溶于水,固着在纸上。在要求清晰度和永久性的地方,橡树墨水是最好的。政府将其用于书写官方文件。在最早的现代政府契约中,就有墨水供应。美国宪法和独立宣言都是用墨水起草。德国政府在 300 多年间,连续使用墨水,直到 1974 年才停止使用。

建筑师用墨水画图。托马斯·杰斐逊为蒙蒂塞洛（Monticello）和弗吉尼亚大学绘制的海拔高度线都是使用球瘿墨水。

艺术家也是用它作画。达芬奇的笔记本上的画，都是用它画的。巴赫用它创作乐谱。伦勃朗（Durer Rembrandt）和梵高都是用球瘿墨水作画。

还有，每一个资产阶级家庭的主妇，可能都为其家庭制作球瘿墨水。配方扩散开来，人们争论怎样加工处理球瘿最好。有些人研磨，有些人蒸煮，还有些人让它长霉。据说发霉的球瘿做出的墨水最好，因为霉菌浓缩了必要的酸类。

每个人都曾想过，他们是在为老年时期做一样东西。达芬奇的直升机，梵高的树木，巴赫的合唱曲以及弗劳·范·韦克滕（Frau van Vechten）丈夫的生意通讯，都会为子孙后代保存下来，"观万物于永恒（*sub specie aeternitatis*）"。对于以后的300年，它就是如此。

后来，发生一件滑稽可笑的事。一位图书馆员正要打开一部手稿，一粒黑色灰尘将要脱落下来。里面，纸被全部吃空了，写的字和画的图都消失了。地图没了边界，插图没了轮廓，带图说明的手稿失去了原文。无论基底是什么，纸、羊皮纸还是莎草纸。这些永久"制造"都消褪了。

近一个世纪以来，图书馆员和管理员都在费尽全力地寻找一种方法，保护用橡树球瘿墨水书写的文件。铁化合物，似乎与其他金属一道，诸如包含在硫酸盐中的铜和锌，不会产生惰性，而是继续地缓慢氧化，与作为原始基底的纸发生反应，造成纤维素变质。

对于任何一个热爱书籍的人来说，都是一场噩梦：你翻到了所要寻找的那页，但是发现它已经被火或水所毁坏，或者是因为纸质低劣，但不是毁于书写本身。对于那些凝视其前辈著作的作家、画家或书法家来说，这犹如发现了母亲的乳汁被下了毒。这些字，亦即写出来的文字本身，是音乐的来源，意义的来源，而且还是破坏的根源。

橡树时代的终结

THE END OF THE AGE

从 15 世纪到 19 世纪，西欧和北欧文化的势力范围以 10 的幂的增长速度进行扩张。贸易从波罗的海开始，紧贴着大西洋沿岸，冒着风险向前跨越，横跨浩瀚的水面，到达冰岛、格陵兰和文兰（Vinland），商业冒险家开始进入公海。航程从 100 英里到 1,000 英里，进一步达到 1 万英里和 10 万英里的旅程，纵横全球。

通过新的贸易，欧洲财富呈现多个数量级增长。世界历史上，从来没有过的贸易出现了增长，并在两三年时间里牢固地建立起来。几乎每周都发现新的世界。新闻真的是新的，因为一艘绕过合恩（Horn）归来的船可能会满载着在欧洲从未见过，也从未听说过的服装或者是人，或者是艺术品、植物或动物。稻米、马铃薯、玉米、红薯、花生、可可、胡椒、糖、香料、茶叶、咖啡、可卡因和鸦片等，这些曾经是外来的或者不为人知的产品，成为欧洲生活的正常组成部分。中世纪的英国人，甚至从未听说过茶叶和咖啡，但是，塞缪尔·约翰逊（Samuel Johnson）坐在 18 世纪伦敦的咖啡馆里，却这样评论道，"没有什么喝 200 杯浓茶还治不好的顽固病症。"

世界第一次感受到自身是一个整体。政治和经济机构也呈数量级增长，把方向对准和获取冒险所需要的资源。国家和海军建立起来了。到这一时期结束的时候，商人和他们的海军保护者已经有了充分的理由，在 17 世纪海军勋章上，刻上这样的豪言壮语："没有什么东西阻止我，只有地球的尽头"（*Nec meta mihi quae terminus arbi*）。

航海的舰船使这一切成为可能，但是为了做到这些，他们还必须做出指数方式的改变。传统上，40 吨货物，是一艘好的挪威船或凯尔特船能够运载的，但不足以补偿 4 年航行的风险成本。400 吨的比较好一些，但是更好的，还是 1,200 ~ 1,500 吨位。而且，要跨越浩瀚的水域，旧船使用的橡树木材太小了。仅仅 3 ~ 4 英寸厚的船板和轻框架的船，可能会像火柴杆一样断裂。在好望角以南的南纬 40°咆哮西风带，风的时速达 100 英里，吹向四面八方，从不登陆，海浪高达 40 英尺。

为了迅速造出更大更结实的船，船舶制造发生了翻天覆地的变化。到了 14 世纪，最长的船，也是欧洲最大的船，克纳斯号和考哥斯号的外壳首先被建造出来。安装一块船板，与另一块铆接连在一起，直到完整结构出现。然后，将框架插进外壳，增强刚性，避免在风高浪急的海面上工作时，铆接发生松动。

建造这样的船，生长在森林里的橡树是最好的材料。这些树木在相互竞争中生长起来，在斯堪的纳维亚，它们的生长必须超过常绿树种才能存活，因此总是长得高大通直，直到树干很高的地方才出现少数分枝。这样的树木，纹理通直，材质优良，适合做长板和船底板，构成船体外壳。

这些新船不像早期的船，更像木材框架的房屋。建造这些船，从框架开始，然后是骨架，骨架采用斜接、搭接和榫卯连接，也可能栓插在一起。只有在整个框架起来以后，才安装外壳。外壳的长板不是互相连接，而是直接与框架连接。

森林中生长的高大橡树，用来制作船板，但是，巨大的橡树孤立木用来制作最重要的部件。每艘船的骨架都需要几百个结构部件，诸如肋条、船尾、地板、龙骨、转角和翼板，等等。一艘大洋航行的船，所需要的木材，取自直径在 10 ~ 25 英寸的树木，而且形状必须与所要求的一致，能够做出框架的弯度。只有具备这么粗壮的骨架和密不透水的船板，船才能绕过海峡，越过大海。在这种机制的要求之下，对于能够造出的船的大小的唯一限制因素，就是橡树的围径。

对于商业冒险家来说，海上贸易需要这样的大船，更为重要的是，大船应该有大的船底。确实，第一次普遍使用船底（bottom）一词，用来描写商船吃水又宽又深。实际上，常说一个商人的船队有多少个船底。这个词有不同的用法，还指人体后面的部位，在 19 世纪，口头描述一个学识浅薄的人"没有根底"（having no bottom）。船底是放置财富的地方，就是压舱底，使船在惊涛骇浪的大海上平稳航行。

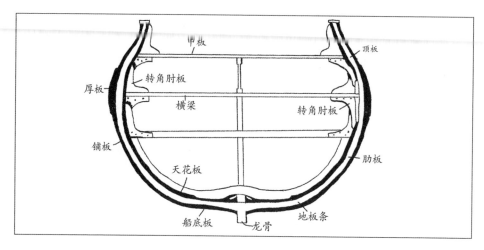

一艘 74 门炮舰船的框架构造图〔娜拉（Nora H. Logan）绘制，根据阿尔比恩（R. G. Albion）《森林和大海的力量》（*Forest and Sea Power*）〕

在 15 世纪，新的骨架船在欧洲不同地区有不同的名字，诸如盆船、螺船和大帆船（*nef, nau, carrack*），而且在形式和规模上演化很快。西班牙和葡萄牙人用的小吨位轻快帆船，比军商两用的大帆船要小，在建造的同时，从壳体转向骨架。所有的新船侧面太高，不能用手划船。新船开始更多的航行，两支桅杆，后来三支。克里斯托弗·科伦布（Christopher Columbus）的旗舰圣玛利亚号，是军商两用的大帆船，而妮娜号（*Nina*）和品塔号（*Pinta*）是轻快的小帆船。

最大的大帆船有些长而笨拙。为了抵抗海盗抢劫和发挥战斗优势，在船头和船尾里面都修建了"城堡"。这些城堡由士兵操纵控制，士兵用来复枪和后膛装填的加农炮武装起来。一个世纪以来，造船者力求把城堡造得越来越高，水手可以居高临下射击敌人。

令人遗憾的是，高的城堡使船摇晃不稳，掉头困难。最终使船不能保持直线航行。在这方面，它正好与细长快速的维京舰相反。约翰·霍金斯（John Hawkins）爵士为此付出代价，1567 年，在墨西哥圣胡安杜洛亚（San Juan de Ulloa）与西班牙人的战斗中，他的编队中的两艘英国战舰和两支小帆船保持了战术优势，而 700 吨位的卢贝克耶稣号（*Jesus of Lubeck*）却不可操控，被西班牙人击沉。这艘大船连同全体水手一起沉没了。

10 年以后，霍金斯统率伊丽莎白女王海军。他的亨利八世时期的前任，已经拆除了城堡塔，在甲板下设置了更大更有效力的加农炮，使船更加平衡稳固。他或许也知道，荷兰人正在试验在海上外形低矮的船舰。他和他的表兄弗朗西斯·德拉克爵士（Sir Francis Drake），为女王陛下海军的更快、更好操控的新级别舰船做出了卓越贡献。霍金斯自己的金鹿号（Golden Hind）就是一个很好的范例。1588 年，当西班牙阿曼达号接近英国海岸的时候，新的英国军舰发挥作用，打败了西班牙人。西班牙的高城堡大帆船不能与之匹敌。

英国在造船业居于领导地位，直到帆船时代结束，从未被超越。一个岛国遭受侵略的脆弱性，是经过维京时代获得的教训，那时挪威人不断侵扰和占领不列颠的大片领土，这样就给予海军发展的优先权。英国海军的橡木军舰赢得了"英国的木头城墙"的声誉，而且，从粉碎西班牙阿曼达号到拿破仑战争结束以来的两个多世纪中，这些城墙从来没有被攻破过。

直到第二次世界大战以后的核动力海军时代，没有任何战略工具像这些骨架建造的橡木船一样，如此强大和如此远距离的航行。它们可以运输大量货物，可以在看不见陆地的大海上航行几个月。它们可以装备沉重的加农炮。总之，它们甚至不像两次世界大战中的战列舰，可以在世界任何地方维修、更新和补给。任何森林都可以采到木材，修补漏洞和制作桅杆。18 和 19 世纪的商业航行可能持续 3 年以上。缓慢然而可靠，这些船把全球紧密地联系在一起，把从前虚无缥缈的传说文化带进现实生活。

这一变化的广度和深度很难理解，它席卷了欧洲海洋国家，从葡萄牙、西班牙到低地国家（荷兰、比利时、卢森堡）和英国，不可预测的财富出现在他们的海滩上。为了持续追寻财富并且很好地利用它，纸币成为潜在力量，并且产生了股票市场。在多人掌控的巨大财富的压力之下，老旧的工具崩溃、哀叹和破灭了。现在，国王们的财富，只是许多新兴的国家权力中心的财富之一，而且其他的财富占有者，抵制皇室索取他们的财富。

国王们可能会垮台，如果他们企图过分地行使皇室特权。这一时期的早些时候，英国的国王们都爱上了大船。每个人都想要最好最大的船。詹姆斯一世让菲尼斯·庇特（Phineas Pett）为他建造了皇太子号（Prince Royal），一艘 1,200 吨的大船，几乎是当时第三大的战舰。总共花去了闻所未闻的 2 万英镑，其中，光是装饰雕刻就花去 1,200 英镑。

为搞到这笔钱，詹姆斯设立一项称之为"船钱"的原始税。由于时间无法追忆，英国人只得效仿维京船的征税法。在战争时期，君主要求其沿海地区提供船只和人员，代替交钱。实际上，这种征税方式几乎总是收缴现金。

对于征税和詹姆斯用其建造的船的规模都有大量民怨，但是他的儿子之所为，更是有过之而无不及。查尔斯一世想要的船，比其父亲的还要大，迫使菲尼斯·庇特安排建造海洋君主号（*Sovereign of the Seas*），这是首次构想出的具有三层甲板的船。它有三层甲板，每层都装有加农炮，但是其他的船，都没有多于两层甲板的。需要 20 头公牛和 4 匹马拖动巨大的内龙骨（龙骨里面的部分），从肯特郡的威尔德拖到大海。更有甚者，君主号的装修比詹姆斯舰更为豪华，排水吨位大出 25%。

为了支付君主号和其他新船的花费，查尔斯又援引了船钱法。但是，存在三个问题：第一，船钱收缴不上来，除非战争时期，而当时，英格兰正处在和平时期。第二，船钱只能从滨海城镇和乡村收缴，但是，查尔斯坚持还要从内陆地区征税。第三，他企图建立永久性的税收机构。更有甚者，他要实施全民征税制，不过，他这样做，没有取得议会同意，而且遭到强烈反对。有些人拒绝交税，有些人拒绝执行，尽管法院站在国王一边，国内战争还是爆发了。

当战争爆发的时候，工资过低的海军军官和水手们支持国会议员。查尔斯一世被处死，他的两个儿子，查尔斯和詹姆斯逃亡法国，于是，英格兰开始了奥利弗·克伦威尔（Oliver Cromwell）领导下的 20 年的议会统治。

年轻的查尔斯曾两次试图恢复他的王位。第一次，他根本没有在英格兰成功着陆；第二次，他率领 13,000 人从苏格兰南面越过英格兰边界，不料在伍斯特（Worcester）被国会议员们完全打败。根据查尔斯自己的说法，据塞缪尔·皮普斯（Samuel Pepys）在《被保护的查尔斯王》（*King Charles Preserved*）里的报道说，他逃出来，幸亏一株橡树，他藏身于橡树的树枝中间。"我们携带一些食物，"查尔斯说，"就是面包、奶酪和一点儿啤酒，再没别的东西了。我们钻进一株大橡树，它在三四年前被砍倒，现在重新长出树枝来，像稠密的灌丛，从外面看不透，我们在里面藏了一整天。"从那里，他又一次逃到法国。

在克伦威尔死后，鉴于没有选择继任者和防止无政府状态的机构，议会邀请查尔斯回到英格兰，但是，作为查尔斯二世，只有在一定条件下，他才能颁布大赦，但是不能赦免实际杀死其父的人，而且他的一切行动必须先行得到议会批准，才被认为合法生效。换言之，他必须遵守法律。

在 1677 年的议会上，海军上将塞缪尔·皮普斯代表国王，表达了想要建造 30 艘新战舰的意愿。英格兰正处于和平时期，尽管国王新近宣布了与荷兰的灾难性战争，与议会关系受到限制，查尔斯还是多少已经预料到他的要求会被否决。但是，皮普斯坚持表示建造新船的必要性，特别是英国海军的军力与其主要对手法国与荷兰的海军相比。这在现代历史上还是第一次，一个大臣为使其观点通过而援引军备竞赛，但是他的策略奏效了。议会投票通过了造船拨款。

议员中许多人仍然认为，船，属于议会或者人民，不是国王的。一个人写道，"我们付出的是为了我们的防御，而不是给予国王。"的确，通过的清单是作为造船使用的，要与拨给国王的其他款项分开管理，而且造船必须按期完成。成立专门小组负责监管承包商的拖延，监管国王本人。所有的不动产税都用作这一资金。

这是一个现代国家的诞生。最重要的是，这个国家承诺保护他的公民。任何人，国王、贵族、宗教人士和强盗，都不能凌驾于政府之上。政府本身，与其忠于组织而不是个人的永久性的水手和士兵群体一起，保障政府主权。反过来，让公民尽可能地过着自由美好的生活，向国家交税，以便保证他们得到保护。

在英国，制度仍然保持混合状态，但是，国王越来越服从于议会的意志。议会基本上给予查尔斯二世与其父亲，即查尔斯一世，完全相同的专横权力。但是，儿子在他声称的目标中是"不再走我曾经走过的路线"，诚恳地接受议会的慷慨赠予，甚至连同附带的条件。他的大臣皮普斯，可能成为有价值的官僚原形，将会通过获得陛下首肯而进一步改革，确保很好地操控这些战舰。

在没有执勤的时候，船长私用国家的船在过去已经成为惯例，主要用来运货，有助于补充他们微薄的薪水。皮普斯使得他的军官和水手的薪水立刻加倍，他加强了奖励制度。过去，皇室拿走了一半所俘获的敌舰价值。现在，军官和士兵获得的奖励等于全部价值。军官可以从其奖金增加财富，即便是普通水兵的积蓄，也足够在海边购置房屋和农场。

皮普斯本人成了遍及英格兰的改革象征。一位皇室的仆人和下议院议员，同时赞美国王为国家利益服务。

英国是做出这种转变最成功的国家，也是欧洲面对海洋的三个世纪中最成功的一件事。然而，甚至在专制的法国，也在这一时期，开始了从国王的战舰向国家海军的转变。路易十四的伟大的大臣让-巴普蒂斯特·柯尔贝尔（Jean-Baptiste Colbert）很有能力，制定一套林地保护和造船的政策，这些政策让包括英国在内的欧洲国家妒羡不已。

在英国，生长着橡树孤立木大树的土地，贵族占有 9/10，他们挫败了上议院各种旨在限制使用橡树及其价格的各种措施。然而在法国，柯尔贝尔却颁布了《森林法》，标记和保护法国橡树，用于制造法国舰船。在距离海岸15里格（league）①和通航河流6里格的范围内，不准采伐木材，除非提交书面申请，并须等待6个月的审批。他强制推行这项政策，预防形成可能推高橡树价格的信托机构。不仅如此，它还奖励优秀的舰船制造，监管74门炮战舰的开发和大小，起草了以后航海时期的大军舰的标准。

在其他国家中，荷兰在海洋竞争中更加落后，因为他们没有实行这一转变。在英格兰和法国正在打造职业海军的同时，荷兰仍在继续指望，在必要的时候把商船转变成军舰，只是补充少数几艘比较小的军舰。

在两个半多世纪中，欧洲国家一直在互相争夺海军霸权的荣誉。英国人总是处在战斗的漩涡。在17世纪，英国人的对手经常是荷兰人。在三次与荷兰战争中，几乎没有一次是在海上快速决出的，虽然有几次战斗持续了数日。依据在这些战争中最初谋划出来的战术，最大军舰的首尾列成直线，击退敌舰。开始，三艘荷兰商船各自对阵一艘英国军舰。到最后，形势反转了。

在18世纪初期，英国掌控世界海军实力的1/3，法国和荷兰占有另外1/3，其余的1/3属于世界其他国家。法国和正在衰落的西班牙，是英国在这个世纪的角斗者，1759年，在马拉加（Malaga）海战中，看起来法国人或许占有优势。他们完全打败了海军上将拜恩（Admiral Byng）的中队，并且从英国人手里夺去了地中海西部的米诺卡岛（Minorca）。经过军事法庭审判，拜恩海军上将被枪决。

在法国大革命之前，从1759年的基伯龙湾（Quiberon Bay）战斗，直到1815年拿破仑·波拿巴（Napoleon Bonaparte）被最后流放，英国海军一直比法国及其联盟占有优势。在基伯龙湾的5艘法国军舰被海军上将爱德华·霍克（Edward Hawke）打败。20年后，在圣文森特角（St. Vincent）海军上将罗德尼（Rodney）与西班牙-法国联军战斗，击沉1艘，俘获6艘军舰。三年后，在西印度群岛靠近多米尼加的桑特（Saintes）的一场战斗中，罗德尼击沉1艘法国军舰，另外缴获5艘。

在1794年，在光荣的6月1日海战中，豪爵士（Lord Howe）俘获了2艘法国80门炮和4艘74门炮战舰，击沉第5艘74门炮战舰。尼尔森勋爵（Lord Nelson）在1798年的尼罗河战斗中，将列队面前的13艘法国军舰，击

---

① 1里格≈4.8千米。

沉 11 艘。最后，在特拉法尔加（Trafalgar），尼尔森在一次压倒一切的行动中有效地摧毁了法国海军力量，法国损失了 18 艘军舰。尼尔森本人在这场战斗中献身。

到 19 世纪初期，橡树舰船已经把欧洲从中世纪带进现代世界。任何具有橡树资源的沿海地区全部是欧洲（或美国）的属地或殖民地。个人自由是国内原则，即便是一个非常具有争议的人，但是在国外是没有的。橡木船已经把世界变成了一个共同体，但是存在不平等。

走进森林
Into the Woods

巨大的骨架式船是在树林里开始建造的，在那里构想出造船实际需要的材料。无论是 12 名船员的单桅纵帆船，还是 500 名船员的战列舰，全部造船材料的 90% 都是橡树。皮普斯和查尔斯二世的共同朋友约翰·伊芙琳（John Eve-lyn），于 1664 年发表一部林学基础著作——《森林学》（Sylva），书中总结了为什么人们更喜欢使用橡树："坚固，耐弯性好，结实而又不很重，不易渗水"。他还补充道，在温带森林的树木中，只有橡树有规律的向外伸展很长的侧枝，枝条与主干成 90° 直角。橡树侧枝分叉宽而牢固，其形状恰好适合做弯料。

像医生关注人的身体那样，林学家关注树木的健康和形状。林学家寻找两样东西：适合做船体框架的巨大弯曲的和分叉的弯料，可以锯成厚料和船板的又长又直的材料。但是，即便大小和形状合适，如果树木腐朽空洞，也不符合要求。

他们走进这些地方的森林：在苏塞克斯、威尔士、诺曼底、丹麦或者德国；在美国的康涅狄格州、新罕布什尔或者南卡罗莱纳。松鸦和松鼠讨厌他们的出现。他们的靴子踩碎树枝，留下深深的印迹。当树木生长在稠密的混交林里，树干总是很直，直到树冠很少分枝。当树木生长在空旷地方，从树根到顶端分枝很宽。所出现的这些情况，都需要林学家去判断。

首先，他看地上的松鸦。那里有很多暴露的石头吗？土壤可能非常瘠薄。在此情景之下，他可能寻找风倒木，那些风倒木有多大。一般情况下，风吹倒的树木的树干基部或树根已经腐朽。他在林中环顾四周，判断有多少类似大小的树木，找出树干可能已经腐烂的大树。这些大树可能不是好的造船材。

有些指示土壤很差的树吗？在美国，黑栎（*Quercus velutina*）生长在土壤贫瘠的地方。从来没人使用黑栎造船。与白栎组树种的树木不同，黑栎心材多孔，不够坚实，但是生长在其周围的白栎可能具有更大的应力。

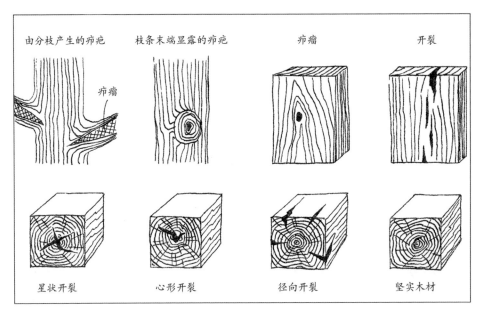

影响造船材的木材缺陷〔娜拉（Nora H. Logan）绘制，根据布拉夫（J. C. S. Brough），《木制品用材》（*Timber for Woodwork*）〕

森林中有些地方，地面平坦，土壤深厚，或者在沟壑底部，或者溪流的沉积之处。他特别注意这些地方的树木。这些地方的树木比山麓上的树木存活更久。

他观察地面风向和天气，树木是否有所遮挡还是暴露。如果树木生长在暴露的高坡上，遭受骤然到来的冰冻或融化，或大风摧残，树干内部可能会出现星状或者杯状裂纹。当幼树树皮暴露于冬季阳光的时候，冻害常常造成树干内部薄壁组织呈星状裂纹。杯状裂纹常围绕一圈或多圈年轮出现，使之与树干其余部分产生松弛。无论哪种裂纹，都会降低木材使用价值。如果用作弯曲部件，裂纹会导致易损，而且在框架内的位置不稳固。如果用作长板，在锯开的时候会裂成碎片。

所有橡树都在基部向外扩张，林学家认识到这一点，但是扩展过大，说明已经发生腐朽。这种腐朽在树干中有多长，会导致整株树木没有用途吗？这很难判断。尽管树干的地上部分似乎还很结实，但是心材很可能已经出现裂纹，中心腐烂损害了树木保水能力。如果心材裂纹呈星状，在树干圆周以内，中心宽，边缘窄。还有，如果裂纹扩展，木材只能用作烧火的薪材。

如果这株树可以做板料，他就可能还要寻找猫脸。在已经愈合或者将要愈合的树枝脱落的地方，常常可见色彩斑驳的像猫脸似的伤口。这样，板材在那个位置上会出现瑕疵。如果他看见螺旋状的锯屑，他就会知道树木组织承受生长应力，在木材被锯切的时候，就会以不可预测的方式释放弯曲能量。至少可以断定，木材会发生扭曲，使船板渗水，弯头翘起。

在树木选定以后，他会站在那里看着树木被伐倒。如果嗅到刺鼻的甜单宁气味，说明树干基部很健康，很可能是选对了树。如果闻到发霉的腐朽气味，即便树木看起来还很结实，但是木材已经开始腐朽。他要寻找色变模式和黑色菌丝的出现。用锤子上下敲打木段，听声音感知树干的空洞程度。法国伟大的林学家加洛德（Garuad）列出了 27 种常见的活立木的木材缺陷和 38 种更常见于伐倒后的树木缺陷。就在有限的双边合作之前，一个贸易公司可能前一天还很富裕，第二天便破产了，一株树木也是如此，站在森林里，看起来美丽挺拔，可能很快就会完全腐朽。约翰·伊芙琳在评论的时候，并非夸大其辞，"树木是一个商业冒险家。在它死亡之前，你永远不会知道它的价值"。

即使对那些很坚实的木材，林学家也要对其区别对待。如果他用刀子刮下一片薄片，整片下来，卷曲成螺旋形，他就知道这是长纤维的瘦橡树，难于成形，适合做框架。如果是另外一种情形，切下来的木片又短又薄，易于折断，指示这是防水性非常好的短纤维肥橡树。这样的木材比较适合做板材。

伐木者需要有可靠地判断力和细心一致的测量。近年来，开发出许多机械，抓住树干，在地面扭曲拖拽，打掉侧枝，然后装上运材卡车。这是多么省力，一个采伐工人就可以轻松完成。但是，他可能会沮丧地高喊：伐根留得太高，树根扩展出的漂亮的弯根和侧枝分叉，被搞坏了，剩下一堆梢头。

这就是机械采伐工作，伐木工人或许会说，这是一个差劲儿的家伙，不是伐木工。采伐工人头脑里有一定的操作节奏，譬如遵循下列步骤："在伐倒树木之前，先把树皮卖给单宁生产者；贴近地面采伐；把弯曲的分别保存，留做制材或造船；还有，劈砍下来的留给木工，做烧火的木片。"

任何东西都不能浪费。他看到船工模具，然后在树木上找到同样的形状。如果树干或粗大侧枝适合做造船材，他就会把扩展的树根锯掉，留下光滑的树干，然后在想要树干倒下的侧面砍出斜口，伐根尽量留低。这通常是弯腰曲背的工作。然后，他再砍掉残留下来的，尽量少留。在早期，这些工作都是使用斧头，后来使用锯子。用锯伐倒一株大树，可能需要 4 个人，锯子两端把手的上端用绳子连接起来，跪在地上，双手拉锯，直到把树锯倒。

伐木工都是实践物理学家。在一片长满大树和灌木的森林里，他在伐树时，必须使伐倒的树木不会压挂在其他树木之上，也不能破坏分叉漂亮的侧枝。否则，船尾杆和 6 个船首与船尾的加强护板都会被毁坏，这些配件对于帆船是很重要的，是不容易找到的。

他还必须防止树干劈裂，如果树木细高而且树根有缺陷的话，这是很难做到的。如果他怀疑这株树木可能会劈裂，他会把操作程序颠倒过来，先从下面下锯，把树干锯透 1/2，然后使用斧头在上坡面的根盘上，砍出茬口，树木就朝向倾斜方向倒下。

如果想要保留"弯爪"，即树干基部与根盘之间的交角，用作船膝或其他造船用的弯曲材料，那就必须周围下锯，然后再砍前后两面，把珍贵的形状妥善地保留下来。

在树木倒下的瞬间，很多事得到证实。如果伐木工干得很出色，树木就会顺着指定方向倒下。如果树木内部是不坚实的，它可能不会朝着预期的方向倒下，树干可能会劈裂，绕着中轴线扭曲旋转。就像仍然在说的那样，这种"理发椅子"会伤人，毁坏木材。当上下茬口砍出来之后，伐木工就开始看着树木倒下。有时候，树木看起来根本不会倒。这是一个令人着迷的时刻。"现在，我的大脑告诉我，茬口已经做好了，树木正要倒下，"伐木工想到，"为什么树没有倒下？"

如果他足够机智，他就会尽快地朝向树的一侧跑开。只有一个位置，在那个位置上树木似乎不会倒下去，就是恰恰位于倒向直线上。

树木倒下以后，他开始打掉侧枝，把模具放在树干和侧枝上面，选择所需要的形状。其他人剥树皮和清理一切可以用于生产单宁的材料。随后，妇女和儿童收拾木片废料，留作薪材或烧炭。一般情况下，林务官和伐木工会把废料留给自己，作为额外收入。

这是一种艰苦繁重的工作，有时会承受巨大的失望。横切面可能会证实树干黑心或者心腐。有一句关于男人和女人黑心的老话，就是来自砍伐树木，看到黑心或者腐朽而产生的失望或绝望情绪。在用斧头砍的过程中间，可能会加宽小的杯状裂纹，而向整个木段延伸，还会造成 2 吨多重的木段无用，只能做烧火柴。当我们说一样东西"摇晃不稳"，或者说我们感觉"不稳"的时候，这种说法就是源于藏匿在木材深处不坚固的裂缝，它会导致整段木材坚固性不够稳定可靠。耗时很多的工作，最后得到的，可能是一块不坚固的木料。

伐倒和测量森林中生长的适合作船板材的通直橡树〔图片来源：布莱恩·莱瑟姆（Brian Latham）《木材发育与分布的历史调查》（*Timber*：*A Historical Survey of Its Development and Distribution*）〕

整个工作耗资最大的部分，是把木材从森林运到储木场。一根 20 英尺长、直径大约 24 英寸的橡树原条，重约 1.5 吨。（同样长度的用来建造美国宪法号军舰的美国常绿橡树原条，重达 2 吨以上。）原条基部对着牛或马的屁股，从森林拖到海滩。最大拖拽距离是 20 英里，这是耗时几天的艰苦工作。这项工作就是成语"任重道远"（*in it for the long haul*），其含义是一个人一定努力完成一项任务，无论它有多么艰难。你可能会想象得到，在海滩上把原条推进水里或者扎成木排。然而，对于搬运工来说，非常扫兴，橡树木头像水一样沉重，特别是新伐倒的生材。在海上把木材搞到储木场，必须使用比较轻的松木或者杉木扎成木排，或者装上驳船，沿着海岸行驶。有时候，如果条件允许的话，将原木装上马车，陆路运到储木场。新罕布什尔洋基队（New Hampshire Yankees）在结冰的水面上，将木材滑行运到储木场，但是，在欧洲沿海地区，卡车司机必须等上一年或者更长时间，道路干透了，载重货车才能够通行。运输费用占了木材价格的大部分。

装配工艺
The Crafts Assembled

Take it all in all，a Ship of the Line is the mosthonourable thing that man，as a gregarious animal，has ever produced.

总之一句话，人类作为乐于交往的动物，一艘战列舰是所有产品中最值得骄傲的东西。

…Into that he has put as much of his human patience，common sense，forethought，experimental philosophy，self-control，habits of order and o-bedience，thoroughly wrought handiwork，defiance of brute elements，careless courage，careful patriotism，and calmexpectation of the judgement of God，as can well be put into a space of 300 feet long by 80 broad.

竭尽全力，把人类的耐性、常识、远见卓识、实验哲学、自我克制、命令和服从的天性、精心的手工制造、应对残酷因素、刚直勇气与审慎的爱国主义和对上帝裁决的冷静期待，全部投入一个 300

英尺长和80英尺宽的空间。

And I am thankful to live in age when I could see this thing so done.

我有幸生活在能够看到做出这一东西的时代。

——约翰·拉斯金（John Ruskin，1819—1900 年）

英格兰的港口（The Harbours of England，1856）

上面这段话，是约翰·拉斯金（John Ruskin）为其同时代的英国画家特纳（J. M. W. Turner）的一幅英国港口绘画作品所写的。在这里，他正在观看特纳画的令人赞叹的船舰图像，在恶劣的天气里闪闪发光。画里的船都是非实物，但却高于生活。你可能会猜测，如果拉斯金是站在造船厂里，他会写什么。

在那里，令人难以置信，停在码头上即将滑入水中的线条流畅、形态优美的船，实际上来自横七竖八的堆放着的原木和枝条，长短不一，有直有弯，或大或小，有些还带着树皮和树枝，有些腐朽劈裂，有的根部变色，变黄发黑，胡乱地堆放在100码以外的海滩上。

在高耸直立的大船和木堆之间，许多人在刀劈斧砍，有人在反复测量，还有人把处理好一半的木材沿着沟槽推滑，有人在拧紧栓销，用绳索拖拉抬运；有人削制25英寸长的方形木销，钉进龙骨；有人用沥青麻绳塞缝，有人清洁船板。有一个人在半竖起的船的骨架上高声呼唤，随后有24个人停下手中活计，应声过来，帮助把下一个框架装进龙骨。铃声响了，一个个步履蹒跚地一瘸一拐进入棚子里来，喝一碗定量配给的掺水烈酒。女人过来打扫院子，把地上的碎木片带回家，烧火取暖。

拉斯金在看过造船厂以后，的确异常惊诧。一个经过刀劈斧砍，从一堆杂乱无章的木头里走出来的东西，竟然是如此美妙的大船？而且，甚至没有一个人挥舞权杖，指挥操作，所有部件就全部装配在一起。

直到19世纪中期，欧洲和美国的造船厂在世界上都代表着最大的工业。在那些年代形成的思想和制造的分开，是现代工业生产的重要标志。设计者计划，管理者安排，工人按照指示制作。必须按照这种方式生产骨架船。每一个骨骼框架都有几百甚至几千个组成部件，每一个部件都必须做得大小合适，确保互相连接支撑，全部部件创造出光滑流畅的线条。如果彼此安装不严密，船就会漏水。

然而，经过很多年，思想者也还在做，制造者也还在想。就像手工生产

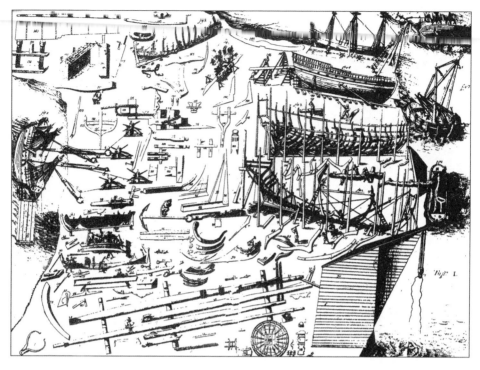

17世纪的造船厂〔艾可·瑞兰波（Ake Relamb），《船舶制造》（Skeps Byggerij），斯德哥尔摩海洋博物馆〕

那样，思想和制作之间的相互反馈是必须的。在有组织的船厂工作中，在一定程度上仍在继续。设计者刻画出他们的模具，制板者挑选调整橡树，使之符合框架曲线的实际需要。

然而，造船厂还不是装配线，而是工艺装配。必须有工人刻制小的模型，展示规格大小，搞林业的人寻找和选择合适的木材，用斧子的人和用锯子的人做合适的修理，赶车的人把原木运到海边推下水，驾船的人装船，然后运到船厂。造船厂通常选在斜坡上的"坚硬"海滩，有潮沟，必须有矿坑锯木机锯出船板和厚板材；有人用斧子、锛子砍出框架部件的形状，包括横梁、龙骨和桅杆；有人用绳索把龙骨安装在船墩上，竖起来，把部件一个一个地装上；有人用榫卯把部件配好，连接固定。

骨架船与壳体船不仅在制造方法上不同，而且使用的材料也不一样。一艘维京船，使用90%的船板材和10%的框架材。一艘普通的战列舰，所用的橡树木材需要运载3,000次，大约60英亩的百年老树。至少需要花费6个月，甚至是3年时间才能造完。

首先，需要造型想象力。一个优秀的造船工人承袭杆匠传统，知道一个清晰鲜明的轮廓显示更快的船，但是可能滚动摇摆，甚至于在战斗中龙骨不稳。外形宽阔，可以容纳更多的货物、水手和大炮，但是可能会在海上颠簸，转舵操纵困难。他们在两者之间寻找平衡，减少错误，增加速度。通过观察他人的工作形成自己的想法，包括前人的工作，甚至从缴获的敌人战舰中学习。他们不仅做出所需要的外壳形状，而且还要有坚固的和造价低的框架。

在大部分帆船时代，船舰太复杂，制造成本太高，缺乏科学依据。建造者做出一个小模型，展示从船头到船尾的线条。船主或顾客可能对模型产生争执，但是一旦接受，模型就是造船的依据。美国海军第二次世界大战期间的密苏里号（Missouri）战舰的蓝色图纸重达 18 吨，用来详细说明如何建造，但是一艘帆船的模型却很小，双手就可以拿住。

建造者把模型交给放样员，按比例放大至实际大小，在一个大房间里，地面铺上薄木板，在上面勾勒出每个部件轮廓骨架。这些模型和造型模板有时会给船厂的造船者，就地寻找合适的材料。如果可行的话，搞木头的人会携带模板去野外，有助于挑选合适的材料。

把大小和形状弄错非同小可。战列舰不仅需要 3,000 ~ 4,000 株橡树，而且还都是特别大的和具有特殊形状的树。但是，美国护卫舰宪法号（Constitution）仅仅用了 1,500 株橡树。从来不把橡树弯曲，去做多达 70 根的肋拱，或者做船头与船尾柱子后面的加强护板。必须找到自然生长的纹理通直的树木，大小合适，形状符合需要。树木顶端分叉出的两个领导枝适合做船尾柱。在主干低处分裂成"V"字形的橡树，可以做翼子板。风吹成形的树干弯曲的橡树，用来做地板。

一般说来，一株能够用在大船上的橡树，长度必须 75 ~ 80 英尺，出材宽度 20 英寸以上。战列舰的船尾柱，必须达到 40 英尺长和 28 英寸粗。70 根肋拱，每根至少都要 4 株又长又粗的弯曲橡树。像人坐下来的膝盖一样的转角弯头，要求直径在 12 ~ 15 英寸。

即便有模型和模板，船在下水以后的表现也可能与所期望的不一致。美国沃尔特三叉戟号（Walter trident）严重侧歪，必须在一侧挂上 150 只油桶才能保持直线航行。瑞典瓦萨巨轮（Swedish Wasa）的压舱和平衡很差，在其处女航时，刚刚开航不久就被暴风吹翻，海水灌进炮口。

几乎所有的造船厂都是建在英国人称为"硬滩"的地方上，清洁宽阔，向下通向海滩斜坡和深水潮沟。当木材集中以后，首先就是修筑将来放置新

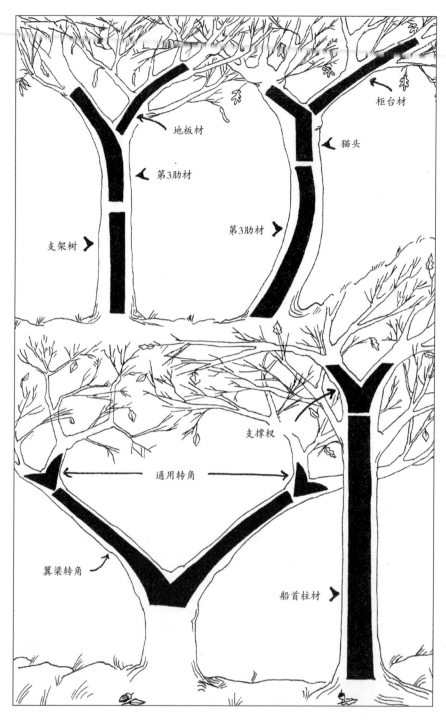

橡树自然弯曲形成的造船材〔娜拉（Nora H. Logan）绘制〕

船的斜坡。整个企业依靠这个修筑合适的滑坡。

此处滑坡这个词，似乎是对 2,000 吨重的庞然大物从海滩滑入水中，有点儿轻描淡写。想象一下，把一个具有 40 个房间的大楼推入海里，你就有了很好的比较，就像把同样重的木材放进房子里一样装进船里。现在我们很少说"溜滑"这个词，除非是在一个光滑的表面出现某种事故，但是，更重要的是，对于造船者来说，这个词在伊丽莎白时代的用法，"让他溜走"或者放开他，如同扬言"以刀兵相见"。

为了修筑滑坡，造船工人首先用碎石瓦砾铺在地面压实，在海滩上形成坚硬的表层。在此基础上，装进三条橡木平行轨道，每根橡木 3 英尺宽 1 英尺厚，通到水里。

必须把巨大粗糙的弯曲木材做成所需的尺寸和形状。工人使用宽板斧，站在木段的顶端，按着铅笔画出的线条，顺着树干向下砍出方形的棱角，直到各面呈现方形，完全合适插入框架。这个工作必须做得严丝合缝。"砍出线条，让碎片在该掉的地方掉下来"，这是任何一个承担这项任务的人都要说的话，但首先是那些船厂里使用斧头的人。

同时，在坑里拉锯的人，把直的原条锯成用于制作船的侧面的板材。无论是在坑里，在上面还是地下拉锯的人，都是两个人结成一对，一起雇佣来的，在整个工作期间都是一对儿。上面的人盯着锯，判断锯的进展程度，下面的人拉着锯进木头。他们要锯出 40 英尺长、6~7 英寸厚的船底板。

像多数造船者一样，他们向他人学习手艺。他们有句用作鼓劲儿的谚语，"当你感觉冷的时候，脱光衣服，你就会活到老"，提醒拉锯的人不要让汗水浸透衣服，以免在休息的时候着凉。"对于拉锯的人，硬疖子和空心都是坏东西"，提醒他们留神，木材里的疖子可能会弄断锯齿，就像啤酒越喝越少一样倒霉。

什么东西都不能浪费。增加额外收入的做法是，这些做工的人的家属，一天来回三次，收拾地面上的废料，带回家烧火。点燃锯末，冒出青烟，上面烤着沥青油脂。修整工作是在砍、锯工序之后，用扁斧修整弯料和长板。一个好的修整工可以把木材表面修理得像镜面一样光滑。当你看到那些遗留下来的大船，譬如美国军舰宪法号（现在马萨诸塞的波士顿漂浮着），或者尼尔森勋爵的皇家海军舰艇胜利号（现停在英格兰朴次茅斯码头上），在其船首补强肘板和船尾柱上，现在仍然可见树枝的弯曲和剥掉树皮的痕迹。

装配工人在船首和船尾升起的地方，竖起人字形起重架、井架和桁架。

这些桁架式吊车与几千年前地中海地区建造的那些一样。顶端装有滑轮系统，以便人或牛可以把沉重的木材装卸到龙骨上。

造船工人监察在龙骨的长木头上砍出领结，在分成两块的顶端安装到位。然后，用铜的贯穿螺栓连接起来，有些贯穿螺栓3英尺多长。（宪法号龙骨上用的贯穿螺栓是保尔里维尔铸造厂制造的。）为保证龙骨固定到位，用橡树或刺槐木栓斜向楔入顶端劈裂的两块。

从这一刻开始，船厂的每一个人都注意呼喊"安框架了！"听到这声喊叫，他们就会停下指定的工作，过来帮助竖起、摇晃和安装框架。首先安装船首和船尾，接着是主要动力系统和框架，然后前后填充框架。每个框架都是在地面上安装，然后树立到位，互相嵌接，再用铜或木头螺栓贯穿连接起来。

全镇的人都来参与制作木栓。〔譬如，英格兰温彻斯特附近的欧乐斯伯里村（Owlesbury）向朴次茅斯造船厂提供了几乎全部的木栓。〕无论是使用橡树还是刺槐制作木栓，木材必须彻底干燥，永久不会干缩变形。

当框架安装还未完成的时候，脚手架里外都要铺上拖板。像拉锯一样，工人结对儿工作，仔细敲打，使每片木板彼此之间完美拼接。在必要的地方，用小斧头修理。当每一片都做好了之后，就会高喊"木头挨木头！"让伙伴知道，每一片都已经安装妥帖。

框架、船板、甲板都安装好了，这样，船就成形了。所有工人，每天喝三次劣质烈酒，在同一时间，女人们来三次，收拾废料。

由于海洋竞争增强，设计师的作用越来越重要。半数以上的木质舰船，是在19世纪前四分之三时期内所建造的，亦即在帆船时代的最后几年内建造的。所采纳的最新理念是增加速度和稳定性。美国海军宪法号是于1797年在波士顿建成的，约书亚·汉弗莱斯（Joshua Humphreys）和乔赛亚·福克斯（Josiah Fox）为其注入两种崭新的想法。首先，一些装饰材做得特别厚，与前后两档相配，这些甲板的板条就像魔方一样安装在一起，前后甲板的刚性和硬度增强，使船更加严密和灵活。

安装起来比较笨重麻烦的是巨大的斜肩，从内龙骨开始，呈对角线方向向上伸展，直到插入竖立的船的框架。在宪法号安装它的时候，在欧洲只有少数几艘船试图使用。主要目的是控制船的中部，减缓速度，防止船在航行中颠簸扭曲。在船的长期使用寿命中，后期可以显现效果。在20世纪初期，当这个对角线斜肩从宪法号上取掉时，船颠簸增加16%，重新安装以后，立刻降到4%。

当一艘船准备下水的时候，滑坡上的两条横向轨道立刻显得特别重要。以其为基础，造船工人，在做完的成品船体两侧建一个支架或舱底路，支架用脂肪润滑。它引导船滑入水中，防止龙骨倾翻，如果翻倒的话，两年的工作便毁于片刻。还有，角度特别重要。太浅，船可能停滞不动，太深，船又可能失去控制，越过河的对岸。最坏的结果就是船停留在半路上，一半在水里，一半在地上，船的一半突然承受浮力，可能会造成船身折断。

当宪法号在 1797 年下水的时候，海军建造者乔治·克拉格霍恩（Col. George Claghorn）感到无上荣幸和自豪，上至约翰·亚当斯总统，下到海关办事员都应邀出席了下水典礼。他知道，她的姊妹舰美国号（*USS United States*）在费城下水时，向下滑得太快，在对面河滩上搁浅，在最后下海之前不得不返修。也许，因为几千人参加典礼，他这次十分小心谨慎，但是，宪法号几乎没有移动。船只走了大约 27 英尺，然后就停止不动，很显然，是在一段轨道上卡住了。

所有人都回家了，海军支持者的反对派开始斥责和谩骂。那天下午，没人在现场，克拉格霍恩又试验一次。这一次，船入水几英尺远，又停住不动。想象一下，一个把自己生命中的 2 年时间投入一项宏伟壮丽的造船事业的人，所遭受的挫折，最后的结局却是船拒绝下水。

然而，他失去了涨潮时间，必须还得等上一个月，潮水涨高到足够把船浮起来的时候。最后，到了 10 月中旬，在波士顿，红黄烂漫的槭树叶子开始纷纷飘落的时候，除了造船的人以外，没人出席，宪法号走完了最后几英尺的旅程，进入水中，靠其船底本身漂浮起来。

宪法号
Constitution

1805 年，法国海军纳尔逊号在特拉法尔加海战（the Battle of Trafalgar）遭遇惨败之后，大不列颠拥有世界上最强大的海军。为了彻底抑制法国，英国政府发出命令，防止中立国家与法国进行贸易，主要是防止美国。此外，为了保持由战斗、疾病和逃亡造成缩减影响的排列等级不变，英国海军需要补充 14 万多名水手来维持其庞大的规模，不仅仅迫使英国商船的英国人出来加入，而且还要从其家庭征召，包括美国商船的美国公民。

强行征用就是合法绑架。在战争期间，英国海军有权要求任何体格健全的男人，不再从事"受保护的"贸易。渔民和渡船码头工人、铁匠以及其他所有在家工作的人，都被认为是非常重要的应征人员，都会收到免除新闻报道的信件。实际情况是，可怜的学徒工随身携带的"保护信"常被撕毁，强征入伍。由于需要的水手日益增多，英国开始搜查"逃离"的美国商人，在实际行动中，他们可以带走任何想带走的人。

1812 年 6 月 14 日，詹姆斯·麦迪逊（James Madison）总统在其致国会的战争咨文中首先申诉，"在国际公法和他们的国旗保护下的数千美国公民被强行脱离他们的国家，失去他们最重要的东西"，并被强迫成为英国的水手。

麦迪逊作为总统，把美国民主的意义看作是保护美国公民的民主和贸易的自由。于是，在 6 月 18 日，宣布开战。

1812 年 7 月 17 日，大约下午 2 点。

美国护卫舰宪法号（USS Constitution）停在右舷航向，朝北偏东，帆布遮盖着。微风习习。船长伊萨克·赫尔（Isaac Hull）驶往纽约，将在那里与罗杰斯准将的中队汇合，袭击英国航运公司的船队。宪法号在航道上冲起浪花。白色护板上面高高地耸立着船的头像。这艘军舰的建造者威廉·鲁石（William Rush）曾经这样的描述过它："一个大力神的形象站在坚固稳定的独立岩石之上，美国的天才将其一只手固定在神圣的权杖上，另一只手展示代表美国宪法的一卷纸，依附的岩石是立法基础。"没有任何风神或者战争，能够占据这艘海军战舰的上风。它曾经是，而且仍然是，唯一的一艘海军战舰，以一张纸来命名，并且象征着这张纸。

站在桅顶向后甲板瞭望。这艘军舰辨识出在近海向南偏西方向航行的四帆船。想到这可能是罗杰斯准将的中队，赫尔改变航线拦截他们。即便他们是敌人，他一定是在推理，于是，他发出了特别命令，"你从来不会不注意你可能碰到的英国军舰。"2 小时以后，发现另一艘帆船从北面驶来。随着天色变白，赫尔决定派出一艘船先去看看，来者是谁。

那天夜里，大约 10 点钟，他已经接近陌生船，处在几英里距离之内，发出专用信号。信号发出一个多小时，没有任何回应。这艘船，很有可能是敌舰。赫尔朝东站立，等待黎明。

随着太阳升起，他的心沉了下来。在他的避风处，有两艘英国护卫舰，第三艘就在他的东面。不到 12 英里远，他能够辨认出另一艘护卫舰、一艘战列舰、一艘双桅船和一艘纵帆船，全都在穷追不舍。7 对 1。打赢的概率很小，赫尔刚刚做出逃离计划，风却完全停息了，他甚至达不到舵效航速。宪法号不受指挥，面对追来的船，船头四处摇摆。来船在轻风中徐徐行驶，最后快速逼近。

宪法号曾经是幼小的美国海军的骄傲。1794 年，被委派去协助保护正在成长的美国商船队，防止地中海水域的海盗掠夺，直到 3 年以后才下水。她和她的姊妹舰美国号，都是 44 门炮护卫舰，对于这个级别的船来说，异乎寻常的大。另一方面，在 1812 年的战争开始时，美国海军总共只有 17 艘战船。

年轻的美国，拥有世界上第二大的商业船队，但是对任何大国来说，都是最小的海军。另一方面，英国海军大约由 900 艘军舰组成，占全球海军力量的一半。而且，英国海军护卫舰还是轻型巡洋舰。其最强大的力量在于战列舰，庞大的 2～3 层甲板的军舰能够携带 74～100 多门重炮。

由于海战是由两艘敌对的船横向靠着进行的，彼此猛烈打击船体和绳索传动装置，用炮弹、链锁弹和霰弹轰击船员，越大、越重和拥有重型武装的战舰越占优势。为了装卸方便，几乎所有的大炮都安置在船的侧面，船头和船尾即便得到保护，也比较薄弱。当一艘船比另外一艘更快更灵活，在一次战斗中人员数量比敌人占优势，就有可能占据有利位置，把敌舰的船头和船尾作为靶子射击，对船的构造造成严重破坏，船员遭受严重伤亡。在过去的250 多年间，帆船战舰是一个国家对外显示实力的重要手段，火炮甲板是水手聚集射击的地方，常常涂成红色，这样染上鲜血就不会醒目。

伊萨克·赫尔的心里肯定已经充满了鲜血、木材和风，面露杀机，双眼直视迎面而来的敌人。第一艘敌舰一旦逼近他，首先会做的就是彻底毁坏宪法号的绳索传动装置，使船的速度和操控性失去匹配。紧接着，英国军舰就会全部围拢过来，强迫美国护卫舰投降，或者遭受毁坏。

他不得不逃跑，而逃跑需要有风。宪法号是一艘优良的战舰，基本上使用产自佐治亚群岛的常绿栎树，弗吉尼亚栎（*Quercus virginiana*）和新英格兰的白栎（*Quercus alba*）两种栎树木材建造的。船体采用设计者的斜托架加固，赫尔新进清除了船底附着的甲壳动物。如果有风吹过来，它还可能跑开。否则的话，他只能让他的船员遭受屠杀，或者让美国海军两艘最大的船中的一艘投降。

投降可能是眼下最可行的抉择。确实，在整个帆船海军时代，目的是尽可能迫使对方屈服而不是将其击沉。被征服的船舰由此可能会成为战胜者海军的一部分。的确，在追赶宪法号的小舰队中，格里埃尔（*Guerriere*）号护卫舰就是在1805年从法国人手中俘获的。（法国战舰很受英国船长的欢迎，因为比英国造的舰船速度更快，操作更灵活。）三桅帆船鹦鹉螺号（*Nautilus*）就是一周前从美国人那里缴获的。宪法号将顺理成章地添加到英国海军准将布洛克正在扩建的中队。

但是，伊萨克·赫尔拥有两大优势：意志坚定的全体船员和建造特别优良的舰船。美国水手是招募的，不是强迫的或征集进入海军的。尽管服役艰苦，离队普遍，美国水手仍然可以得到比英国同行多出5倍的薪水。约翰·亚当斯总统制定了固定的海军薪金制度，普通海员每月10美元，有特殊技能的海员每月17美元，比得上岸上技术娴熟的工人，高于商业船队的船员。像英国水手一样，所有美国海员共同分享俘获商船或战舰的奖金。还有，美国海员签约一年或者一定时间，而被征召入伍的英国水手，服役多年也没有上岸休假的希望。

在7月12日离开切萨皮克湾（Chesapeake Bay）之前，宪法号就毫不费事地招满了全部海员，总共475人。不错，赫尔的船员年轻，都是生手，离港只有一周，有些人从来没有航行过，但是，他们已经每日多次演练过大炮和绳索传动装置。他们正面临着海军史上最严峻的考验。

另外一项不言而喻的优越性：到目前为止，在这片海域中美国拥有最好的船。250多年以来，欧洲造船厂一直建造帆船战舰。尽管优良的橡树建筑材遍布欧洲大部地区，但是资源已经变得紧张，不仅限制着海军和商业造船，况且商船用材比海军用材多3倍以上，而且橡树木材的利用面临很多方面竞争，诸如建筑、烧炭、家具和桥梁道路用材。还有，橡树茁壮健康生长的旷野，也可以开垦成最好的麦田。农田比橡树林赚钱更快，因此许多优良橡树遭受砍伐，腾出地方做农田。"橡树的适量减少，"一位作家写道，"显示出英国经济的活力。"在欧洲，为了控制波罗的海贸易的战争正在进行，主要货物就是橡树板材、做桅杆的橡木、松树油和其他海军战略物资。

欧洲造船者对于船板大小、厚度和肋拱空间，都必须经济节省，这些因素形成船的结构，船才能够直立起来。

约书亚·汉弗莱斯（Joshua Humphreys）和乔赛亚·福克斯（Josiah Fox）在设计宪法号的时候，并未受到这些局限。造船者通常既寻求巨大的力量，又追求飞快的速度。厚的侧面和蹲伏姿态代表着以前制造的船，与后来制造的纤细比例和轻巧结构形成鲜明对比。在欧洲大陆，法国人总是追求船速，而英国人追求力量，而汉弗莱斯和福克斯冲破传统的欧洲习惯的束缚和经济限制，既要力量又要速度。宪法号比普通的英国护卫舰宽出 3 英尺，长出 20 英尺；比标准的法国护卫舰宽 1 英尺，长 13 英尺。宪法号的肋拱，是用常绿栎树木材制作的，间距小于 2 英寸，而大多数欧洲战船的肋拱间距是 1 英尺。较密的肋拱，不仅仅支撑框架，还具有附加护墙的作用。当里面和外面都加上白桦船板的时候，船体外壳最厚的地方达 22 英寸，而欧洲的船在同样的位置只有 14 英寸厚，同时肋拱间距较宽，是船的薄弱之处。

结果是，这样的一艘船比任何欧洲护卫舰都更快，更坚固。沉重的木材会使船速下降，抵消凌厉的外形和坚硬侧面的优点。美国设计者通过增加肋拱和斜角托架，明显地减低了船的扭曲风险。他们有了比其他任何护卫舰都大，同时速度更快的船。

伊萨克·赫尔如果觉察到风的气息，他"可能"就会试图逃跑。同时，他的敌人正在接近他，尽管这时风在减弱。赫尔一看到他所处的位置，就把整个宪法号驶向一边。划桨手把船头调转过来，开始竭尽全力逃离追上来的敌舰。

英国船刚刚碰到平静的水面，立刻就把船靠近侧面，气势汹汹地朝向宪法号划过来。4 艘英国护卫舰，几乎全都处在大炮射程之内，这时美国第一中尉查尔斯·莫里斯（First Lt. Charles Morris）有了主意，他恰好听到测深员喊道深度 20 英寻，水不够深，不能抛锚。于是，他向赫尔船长建议，用绞船索牵引战船。

这种做法在实践中很少应用，除非是把一艘新船带到停泊处，或在搁浅时移动它。就是把 2 吨半重的铁锚拴在大船和一只划艇的腹部之上，向前拖动，越远越好，从划艇砍断锚索，让它着地，然后让水手在大船头上操纵起锚机，基本上靠风向前移动，接触没在水底的铁锚。在此操作进行的同时，另一只划艇尽可能的把第二只铁锚弄得越远越好，重复上面的操作程序。就像渔民撒出诱饵，越远越好，最后收网。

为什么不呢？不妨一试。上午 8 点左右，划艇船开始用绞船索牵引宪法号，横过公海。水手竭尽全力，拉出沉重的铁锚和附带的 22 英寸缆绳。其他人竭力卷起绞船索，拖动船向前移动。他们努力地拉拽 1 小时，什么事也没有，只是英国船在不断地接近。

一艘敌人护卫舰向侧面开火，但是没有打中。半小时后，第 2 艘护卫舰企图赶上宪法号，并且开火，但是仍然差之毫厘，失之千里。

美国海军宪法号和英国皇家海军格里埃尔之间的海战〔海军历史中心（the Naval Historical Centre）供图〕

经过3个小时，所有船上的全体船员都在不停地艰苦追逐，美国船由绞船索牵动向前行进，英国船在后面拖拽。每边的工作节奏，都相互交替地受到鼓舞：当宪法号刚被牵到其船锚的时候，它肯定意识到是正在逃离。然后，正当它转换第二只船锚的时候，英国人一定认为他们就快要超过他们追击的目标。从天上的有利位置观看，这好像是引弓待发的箭与一只蠕动的昆虫之间的比赛。到下午 2 时，人员减少，疲惫不堪。

布洛克准将召开一次头脑风暴研讨会。他的舰队由来自 7 个不同舰队的船组成，归他指挥。为什么不用所有这些船去拖住领头的香农号（Sannon）护卫舰，直到接近正在逃跑的宪法号？他刚一说，行动就开始了。重要的是，想象一下，这些目睹眼前正在发生的一切和一直拖船前行的美国人的心情。

那是一个美国人性格中的坚持不懈的特征的形成时刻。谁能理解一艘在武器上被超过、在人数上被超过和被远远抛在后面的护卫舰还能坚持前行？太阳西去，在大西洋海岸沉下，美国人还在牵引前行。夜空群星闪烁，美国人仍在牵引行进。英国护卫舰一次又一次地逼近，美国人还是保持牵引前行。晚餐送来又撤下，值夜班的人来了又走，美国人继续牵引行进。划桨。停下。卷绕。划桨。停下。卷绕。

7 月 18 日，夜里 11 点。美国人已经不停顿地牵引行进了 15 个小时。宪法号几乎完全是勉强地只身对抗 17 艘船，这些船竭力想把香农号护卫舰靠过来。只要有一只坚固有力的船从侧面打过来，宪法号就有可能被俘获。

大约过了一刻钟，伊萨克·赫尔感觉到好像有什么东西打在他的脸颊，他想擦掉。稍后，他知道是什么感觉了，是一阵风吹在脸上。很快，他派遣桅楼上的人准备升帆。天从人愿，这风可能就会刮起来。上帝的意志，他们将要与整个该死的英国海军比赛。

20 分钟后，他下达命令，升起上桅帆，确定航线。如果在那一瞬间风停了，下落的船帆将会成为阻碍绞盘机旋转的障碍，就会减低宪法号航速，足以被俘获。但是，风还在吹。船头下面泛起白色泡沫。

很快，赫尔向那些快要被追上的船发出信号。这些船突然转向排在一起，水手们飞跃上船，片刻不误，拖住他们的船。

英国人看见宪法号扬帆，立刻效仿。开动他们的船，冲破笼罩的黑暗，加速前进。一整夜，赫尔引导他们追捕。次日黎明，一艘英国护卫舰已经接近，足以开火射击，但是没有开火，可能害怕大炮在轻风中的反冲力使船停住。

大约早上 9 点，海面上出现一艘奇怪的帆船。英国人想，这有可能是美国的商船队，遂挂出美国旗号，诱使落入圈套。但是，赫尔打出英国旗号，美国人遂乘风向西南逃走。

在美国人整天逃跑的航行中，风速不断加大。大约日落时分，一场风暴来临，赫尔已经看见暴风到来，收帆铺开，叠成方形，在风过去的刹那间收起。这是一以按照意愿进行的完美无缺的航行，尽管水手们已经筋疲力尽。

风暴过后，也许赫尔第一次想到，"我们正想这样做。该死的，我们正想这样做！"

微风彻夜吹拂。7月20日白天，这次追捕已经持续整整两天，从桅顶只看见3艘敌人帆船，其余3艘至少是在6英里以外。赫尔弄湿船帆，改善状态，提高航速。

上午8时15分，英国舰队放弃追击，乘风像西南偏南方向航行，很显然是要驶往纽约，封锁那个港口。

一艘美国护卫舰已经超越了整个英国海军中队。在宪法号扬帆赛过他们之前，布洛克准将肯定怀疑过，这支稚嫩的美国海军，也许就是形成将来难以对付的对手的开端。仅仅一个月后，他便有了答案。

伊萨克·赫尔胆大敢为，但绝不是傻瓜。他逃脱以后，立即到波士顿补充给养和装满淡水。在那里，他急不可耐地等待来自华盛顿或罗杰斯准将的命令，但是都没有等到。当8月2日，风向变成西风的时候，他驶出波士顿港湾，决定重新定位启航，不等待命令，首先致信战争部长，说明他的无奈、理由和企图。波士顿是一个难以驶出的港口，他写道，风向变化不定，如果停留时间过长，自己可能会被实力强大的英国海军封锁。这样，他就不能向南航行，再次袭击布洛克中队。代之而行的，他向东北航行，扼守英属加拿大商船航道，严重破坏英国商业船队，收回被俘获的美国船，这些船作为战利品，当时正由少数人操纵开往英国港口。

英国在加拿大有三个重要港口：新斯科舍省（Nova Scotia）的哈利法克斯（Halifax），纽芬兰省的圣约翰斯（St. Johns），纽芬兰（Newfoundland）和魁北克市。如果你把加拿大的海岸想象成一张嘴，圣约翰斯就在上嘴唇，哈利法克斯在下唇，魁北克市在喉咙上。圣·劳伦斯湾是嘴的主体，而圣·劳伦斯航道就是喉咙。通过占据唇边的海滩，赫尔就可以掠夺出入这3个港口的任何一艘船。赫尔坚信自己的想法，他的英军对手或者正在美国海域做着同样的事情，或者在积极地封锁美国港口。

8月10日，他获得第一次成功，把一艘小的英国双桅船，从圣约翰斯赶进哈利法克斯。双桅船是全世界都在使用的主要商船类型。这种船装配两个方形操纵桅杆，有时还会有更多的帆拖在主桅上。这些都是原始的笨拙缓慢的船，能够尽量载运更多的货物，船员少，但是速度快，很安全。这只船与三桅的、船长 147 英尺的宪法号相比，只是个侏儒而已。它没有运载票据货物，船本身也不值钱，赫尔俘虏了水手，然后把船烧掉。

天晚的时候，他缴获了一个比较大的战利品，英国双桅船阿迪奥娜号（Adeona），从新斯科舍返回英格兰，船上装满木材。他再次俘虏水手，烧毁船只。四天以后，他看见了 5 艘帆船，待驶近的时候，发现是英国战舰，是单桅帆船和其他 4 件战利品。当宪法号靠近的时候，一艘已经在燃烧。两艘是美国双桅船，获得自由。那艘单桅帆船跑掉了。

他从这些水手那里获得情报，布洛克中队正在纽芬兰附近的大沙滩上。如果这群猎狗已经北上，赫尔推测，狐狸或许向南走了。他开始前往百慕大附近水域，期望在那里袭击进出加勒比海的英国军舰。

8 月 18 日夜里，他追上另外一艘双桅船，原来是美国武装民船迪凯特号（Decatur）。该船的船长非常担心，想要逃离在黑暗中隐约逼近的大船，他不得不把 14 门大炮中的 12 门推下大海。然而徒劳无功。在不到一小时的追击以后，宪法号追上他。船长告诉赫尔，在他看见南面的军舰的前一天，军舰还不是离他很远。实际上，迪凯特船长已经想到，那艘追他的船有可能就是宪法号。

宪法号继续向南航行，希望撞到那艘设想的军舰。8 月 19 日下午 2 点，跑在稳定的北风到来之前，赫尔实现了他的愿望。他处在海洋中间，大约在纽芬兰省开普雷斯（Cape Race）的正南和波士顿的正东，距离最近的陆地有 318 英里。站在桅顶上瞭望的人大声呼喊，有一只帆船向东南偏南方向行驶，因为太远，看不出是哪类船。

赫尔准备就绪，开始追击。1 小时后，他们快速接近。他们追赶的猎物是一艘右舷航行的大船，它可以毫不费力地跑掉。到 3 点 30 分，已经看得很清晰，这是一艘大护卫舰，并不是美国船。实际上，正是格里埃尔号（Guerriere），后来参加布洛克中队，但是现在单独巡航，其船长理查德·戴克斯（Richard Dacres）是杰出的第二代英国海军军官。有些受感动的美国海员登上格里埃尔号，当他们看见眼前发生的事，他们诚恳地要求戴克斯船长，不要强迫他们与自己的同胞作战。部分堂而皇之，部分出自实情的，戴克斯把他们作为非战斗人员安置在船的下面。在密切行动中他所需要注意的最后一件事，就是水手成员可能会突然为另一方战斗。

但是，宪法号可能很快，看来戴克斯毫不怀疑他能够打败它。他退下主上桅帆，检查航道，显然是在邀请宪法号靠近一些。赫尔做出反应，放下帆樯，收起静帆和三角帆。这样它可以保持航向，拦截陌生船，但是航速减慢。他拉起桅杆和扯起前桅人帆，召唤船员进入战斗岗位，全体船员三次欢呼，持枪以待。

当他们走近的时候，他们可以看见格里埃尔号的上桅帆上面涂写的字，"不是小腰带"（*Not the Little Belt*），小腰带是一艘在一年前的一场不平等的战斗中被总统号（*President*）打败的英国双桅战船，总统号是美国第三艘 44 门炮护卫舰。这句话的含义是清楚的：在一场平等的公平战斗中，陛下的军舰总是获胜的。

戴克斯过于狂妄自信。他转过来企图占据宪法号的上风，这样可以控制开战时刻。失败了，他希望占据阔侧面，攻击宪法号的船头和船尾，立刻造成巨大破坏，减少在自己船上残酷厮杀的可能性。

当赫尔走向气象预报员的时候，戴克斯从阔侧面射击而不及目标。他把船转过来，阔侧面朝向宪法号。这次，他继续摧毁宪法号船首斜桅的支撑杆，这是后甲板上一块 5 英寸厚的常绿栎板材，主要是装饰，带有一个球和两个鱼形圈，与前桅连接。美国人只是作出单独反应。

不能判断天气，戴克斯转过来，给赫尔一个侧面靠近的机会。赫尔可能怀疑对手的无动于衷，但是，他也不会失去这个机会。他放下悬臂，退下主上桅帆，放慢船速。在几百码以外升起主上桅帆，向前推进，侧向靠近格里埃尔号，停在手枪可以射击的距离之内。

据说，赫尔的船员三次要求向侧面射击，但是都被拒绝了。在 6 点零 5 分，赫尔同意了。入夜，火焰喷发，金属碎片横飞。

一颗炮弹径直打穿格里埃尔号的外壳，水从弹孔灌进去。距离 5 码之内，打穿另一个洞。

格里埃尔号全都向高处射击，可能希望缴获一件尽可能不要遭受破坏的战利品。前几次侧面射击，打中了宪法号主托架，把主桅帆、前桅帆和上桅帆都打出了洞。

一颗炮弹打在宪法号侧面板上，侧面板 22 英寸厚，是用白栎和弗吉尼亚栎木材制作的，子弹打在上面停留片刻，然后掉进水里。一个靠近的炮手说他看见了，大喊"好家伙，伙伴们！他们船的侧面是铁做的！"，并且给这艘船一个绰号，"老铁帮子"。

几分钟后，格里埃尔号的后桅被射穿，顶端落入海中，靠其重量把船拖向港口。宪法号继续向对手倾泻炮火，每 2 分钟射击一次，有 30 多次击中水面之上的船体侧面。

宪法号炮手继续发炮，打坏格里埃尔号左舷方面的船头，在船板上撕裂出一个 6 英尺长的大洞。当宪法号以更大的势头把船撕裂的时候，双方都企图登上对方的船，但是，都没有成功。巨大的震动造成格里埃尔号受伤的前桅脱落，前桅带动后面的主桅。

现在，英国护卫舰既不是双桅帆船也不是单桅纵帆船，而是完全被破坏了。无助之下，船只好逐浪漂流，每一次翻滚摇晃，都灌进更多的水。

半小时以后，赫尔拖回绳索传动装置，整理就绪。赫尔靠近格里埃尔号漂流的残骸。现在，天已经完全黑了，美国人已经看不出船长打出的旗号颜色，所以赫尔派人上船去找。把船长戴克斯带回来，他真的投降了。

尽管有些正当的辩解理由，戴克斯不能将失败归咎于腐朽的桅杆和运气不好，但是，很显然，说他开始时狂妄自信是不公正的，确实，他垮台了。他没有困扰抱怨，由于美国船的质量好或者是其水手精神。

美国人试图把具有价值的格里埃尔号当作战利品拖走，但是他们的火炮装置遭受过度毁坏。船里的水有 5 英尺深，尽管水泵不停地向外抽水。（帆船从来不是完全防水，因为橡木板在航道上工作。作为日常工作，每周三次用水泵向外抽水。）次日清晨，赫尔命令所有的人下船，然后点火。当火焰烧到火药库，船被炸成碎片。

难以置信，《伦敦时报》却如此报道："在世界历史上从未有过，英国护卫舰打败了美国护卫舰。"

在那一年过去之前，还有另外两艘英国护卫舰被美国护卫舰彻底打败，包括爪哇号（Java），还是被宪法号打败的，不过这次是威廉·贝恩布里奇（William Bainbridge）船长指挥的。

英国海军部感到恐慌，尽管它是世界上权力最大的政府机构之一。英国取得了特拉法尔加海战的胜利，却意外地败在世界上力量最小的海军手下，而且是自己从前的殖民地。海军部发布命令，英国护卫舰不准与美国 44 门炮护卫舰单独作战。他们的自信心已经蒸发了。

从那以后，英国海军部一直对美国的造船业感兴趣。为了对付 44 门炮，他们废弃了整个级别的英国小型战列舰，采用与 44 门炮相类似的军舰。英国军舰密切注视正在费城造船厂建造的强大的战列舰。美国新型战列舰富兰克林号（Franklin）装有 82 门炮，可以发射 2,624 磅金属炮弹，而英国军舰发射的重量平均不到 2,000 磅，当 1816 年富兰克林号访问英格兰时，引起海军部和海军检察官之间互不相让的暴怒反响。他们怀疑，他们的军舰能够对抗美国的威慑吗！

橡树时代的终结
End of the Age

橡树见证了西方国家新时代的黎明。然后，它就离开了他们。橡树确实不能充分满足现代国家及其公民的渴求。用孔隙丰富的木材建造的大型舰船是优良的，其寿命与使用期限一样长，但是如果静置不用，又不通风，真菌侵染外壳，特别是在"风与水"相接的重要部位，木材最易遭受真菌侵染。时而水湿，时而干燥，这些位置的木材恰恰有利于木材腐朽微生物的快速滋生。塞缪尔·皮普斯（Samuel Pepys）曾经解释，在检查一艘船时拾起一小撮拳头大小的毒蘑菇是"很常见的"。当舰队司令计划检查的时候，经常事先派人铲除船体上的真菌。

仅仅是在七年战争期间，英国就有 66 艘海军战舰出航，从未返回。这些船不是在战斗中损失的，只是消失了。在各种最大的可能性中，这些船在航行中船底脱落，在风与水相接部位的木材已经腐朽，在恶劣天气中，像石头一样沉入海底。

皇家乔治号（*Royal George*）在抛锚时船底脱落了，当时正翻过来进行小的维修。这是一艘 100 门炮的战列舰，是英国最值得炫耀的军舰之一。它曾经是 1759 年霍克在基比隆湾（Quibiron Bay）的旗舰。1782 年，即将成为受欢迎和有能力的舰队司令理查德·坎彭费尔特（Richard Kempenfelt）的战舰。当船开始倾翻时，舰队司令本人和数百名船员以及很多贵宾都已登船。在一瞬间，船体断裂倾覆，包括舰队司令在内，800 多人溺水而亡。

有几首歌是为这次灾难而写的。皇家乔治号船底的脱落是全国的悲剧。有一个今天一直在用的短语，不是用来描写船的，而是描写股票市场的："市场跌到谷底。"由于虚夸的稳定性，致使橡木船和国家经济遭遇突发灾难。

橡树时代于 1862 年 3 月 18 日，在弗吉尼亚汉普敦水道（Hampton Roads）终结。

此前不久，新建的美国南部邦联（Confederate States of America）从逃跑的联军手里，匆忙地接收了弗吉尼亚高斯港（Gosport）附近的造船厂。但是，在他们到达之前，北方军士兵纵火焚烧了港口中很多价值很高的舰船，其中包括有名的梅里马克号（*Merrimack*），它是最新级别的大船的骄傲，是一艘蒸汽驱动的军舰。这艘船在访问英格兰的时候，给英国海军部留下深刻印象，英国人立刻授权制造类似级别的船。

梅里马克号搁浅了，但其引擎和船体下部完好无损。在 4 个月时间内，南部联邦捞起船体，想用它来做船台和发电厂，因为蒸汽驱动的军舰的船体侧面可能是铁制的。英国和法国已经开发出这样的军舰，但是联军甚至连一艘都没有。有人戏谑地说，联军可以用铁甲舰弗吉尼亚号（*CSS Virginia*）打败一切，最重要的是，可以打破南部联邦为了补充战争需要的供应所设置的封锁。

时代的终结〔海军历史中心（Naval Historical Center）供图〕

听到这个，美国海军立即决定制造自己的装甲舰。时间紧迫，因为反叛者在几个月之前就开始行动了。海军决定使用雄心勃勃的工程师约翰·埃里克森（John Ericcson）的新设计。他出生在瑞典，是一个采矿工程师的儿子，在职业生涯中，他在多处工作过，已经设计过很多东西，从改进制材厂，到蒸汽引擎、火车头、螺旋桨和回音测深仪。他的服务对象包括瑞典人、英国人、法国人和美国人。事实上，他已经尝试过拿破仑三世的"坚不可摧的浮动电池"的设计，没有成功。现在美国海军买下了它，这艘船 60% 以上的空间都位于吃水线以下，在船腹中部，有一个装有两门炮的旋转炮塔。船看起来很像一门带有贺庙的饮厅机坪，但是，它可能很快就会津浩起来。海军希望能够证实像广告上说的那样，"坚不可摧"。

3 月 8 日上午，南方联盟海军准将富兰克林·布坎南（Franklin Buchanan），仓促地让他的船员登上已经建好的弗吉尼亚号铁甲舰。船充满动力，沿着伊丽莎白河顺流而下，冲向停泊在汉普顿水道港的联军战船。从头至尾，船的外壳包裹着 4.5 英尺厚的铁板。看起来像"谷仓的屋顶"，似乎在纪念其总工程师。充满蒸汽，速度达到 9 节，这还不足以追上乘风逃跑的帆船，但是，足以对付力图保住据点的封锁船。

联军中队的主要舰船是护卫舰国会号（Congress）和战列舰坎伯兰郡号（Cumberland），都是橡木建造的帆船。布坎南在这两艘船之间行驶。害怕坎伯兰郡号新装配的来复枪可能会穿透他的铁甲板，于是布坎南加速行驶，猛撞坎伯兰郡号的右舷船头。扭力将弗吉尼亚号的铁船首弄掉下来，但是没有造成结构破坏，对着坎伯兰郡号的阔侧面丝毫没有损坏。坎伯兰郡号出现裂口，开始沉没，但是还在做无效射击。

国会号也还在射击，从阔侧面射向弗吉尼亚号。现在，铁甲舰开始回击。半小时内，这艘护卫舰被摧毁了，升起了白旗。当联军神枪手抢滩向南部联盟射击时，布坎南恢复战斗，激烈射击国会号，直到着火。彻夜燃烧，直到过了午夜，火药库起火，这艘护卫舰便爆炸了。

第二天，布坎南仓促出发的原因，真相大白。新的联军铁甲舰进入河口，寻找毫发无损的弗吉尼亚号。两艘军舰战斗了 3 个多小时，胜负未决。弗吉尼亚号在试图撞击对方以后，船头出现了一条裂缝，联军铁甲舰的旋转炮塔出现轻微裂口。两艘船都退役了，但是，弗吉尼亚号现在知道了，只要监视器号（Monitor）在附近，它撞击木头船就不会不受到惩罚。两边都没有赢，但是开始了新的军备竞赛。

六个月以后，联军铁甲舰于新年前夜，在北卡罗来纳海岸遭遇风暴。尽管是"坚不可摧"，然而并不适合航行。它留给我们一场战斗及其工程师构想出来的名字：监视器号（Monitor），其希腊文的含义是"警告"。

橡树自身

OAK ITSELF

　　残冬时节，我去访问当地一家锯木厂。伐木工人正在陡峻的山坡上忙着采伐，拽出伐根，有橡树、槭树、铁杉、白蜡和松树，在木材厂出售。院子里堆满了带着粗大干基的原条，按树种分别归楞。

　　脚下冰冷，但是在比较暖和的地方，冰在融化，走在有车辙的地方比较危险。树干的直径大约在8~36英寸，原木段子长度6~12英尺。橡木堆最大，主要是北方红栎（*Quercus rubra*），还有些白栎（*Q. alba*）和岩栎（*Q. prinus*）。

　　一辆巨大的黄色装车机，从地上抓起一大捆橡树原条，运到车间，放在滚动的传送带上，向下倾斜，直至送到闸口。

　　原条向前射出，被送到正在旋转的巨大的钢铁圆柱研磨机上，机器上布满平头钉，原条离地去皮。去皮的原条分路送到另一套滚筒，排列成线，然后下锯。

　　原条木落到锯床上。钢锯夹头紧紧抓住木头。操作工定好尺寸，原条开始急速往复，与圆盘锯片垂直，一次次地调转方向。

　　边材先被锯掉，射进传送带，站在那儿的人将木片送进打浆机。然后，锯片开始锯下木板，往前推送。同一个操作工人，把木板转向传送带，另一个人将木板大致分等：普通#1、普通#2、普通#3、普通#3B、较好的和精选的等等。当机器快接近原木髓心的时候，留下一个4英寸见方的木条。

　　原条不见了。

　　整个过程仅仅一分多钟。下一根原条已经上锯了。

　　第2号和第3号普通橡木板是50%的无疖材，或者更少一些。其余的是带有疖疤或其他瑕疵的，送到工厂做地板。#3B，木材疖疤甚至更多，送到另外的工厂，做仓式货车或拖车的铺板。那些木条送到工厂，加工成包装板。

#1 普通橡木板，2/3 是无疖材。精选等级，85% 或者全部是无疖的优等材。这些用作细木工材，制作橱柜，最好的板材供应定制家具制造商。

高速锯无论锯那种木材都一样，橡树、白蜡、槭树还是杨树，铁杉还是松树。只要有机会，它甚至可以将冰柜变成板材。

工业对手工制作的影响，就像巴比伦农业对采集的影响一样。这种变革，造成产量的巨大增长，但是付出高昂的人力和环境代价。工业，常常像自由主义者一样开始，但是像奴隶一样结束，因为它不能控制自己。其解决办法就是生产更多，生产更快。它迟早会落入愚蠢贪婪者之手，这些人倾力经营，不顾后果，直到土壤盐渍化，风沙尘暴飞扬，在酸雨之下森林衰退，市场崩溃，乌云毒气笼罩博帕尔，切尔诺贝利垮掉。

然而，有谁不想使用优良的高速锯呢？它摈弃了如此繁重的体力劳动。不再浪费人力，花费半天时间，就可以找出环裂或者变色黑心的原条。尽管有人仍然想制造有裂缝的橡木板，但是不会再有人想以此维持生计，那是令人厌恶和难做的事。

难道没有其他快速完美的解决办法，能使剩余劳力不再忧心忡忡、焦虑无聊和遭受残忍践踏吗？

人类，当遇到他们所重视、崇拜和尊敬的事物时，则表现出克制。珍视来自理解，理解来自亲密接触。在橡树时代，人类每天必须克服物质材料的匮乏。记忆、推断和技能编织成橡树世界。人们理解、重视和推崇亲密陪伴自己和藉以维持生计的树木。

面包、道路、亨吉斯、教堂、房屋、屋顶、墨水、木桶、皮革和橡木船只，现在多已成为过去的东西。不过，现在仍然使用橡木制作车辆地板和中端市场的橱柜。用橡木做的具有手工艺品风格的精美家具，显现出弦切面木材美丽的波状纹理，市场虽小但是仍在增长。购买者主要是那些有文化教养的人，怀恋工艺精美、风格简约的时代。

然而，人们并未遗忘橡树。自然科学家、生态学家和工程师仍然记得橡树。他们没有把橡树分解成遗传组成，然后重组，将结果申请专利。相反，他们细致检查自然界的树木，从其自然生活史与自身结构中学习。

在 20 世纪 70 年代，科学家开始从橡树的年轮中鉴别年代。在每年的生长季节形成的年轮，宽度随着环境条件变异。譬如，在寒冷干燥的年份产生的年轮，要比温暖多雨的年份狭窄得多。

考古学家意识到，同一地区不同橡树的年轮可能具有相似的宽窄模式，因为他们经历了相似的环境条件。如果学会从年轮中找出线索，他们从今天的橡树，通过环环连接，进行模式匹配，就可能在理论上回溯到人类之初。橡树年代学的集合模式，使得考古学家能够对在任何地点所发现的橡树手工制品精准断代。

年代学在爱尔兰、英格兰和德国活跃地产生出来。在这些国家，年代学几乎可以回溯到 1 万年前，回到全新世之始。不同于放射性碳定年法，精确性只在 10 年上下。树木年代学家是这个多学科领域的科学家的称谓，一个优秀的树木年代学家，甚至能够说出木材砍伐的具体年份和季节。

如此精确有什么用途呢？首先，它可以让过去的学生知道相邻的考古地点是不是临近的地点，或者是另外一个后续地点。它还产生不曾预料的益处，有助于解释全新世的环境历史。许多现代橡树年代学发现的一些较窄的年轮模式，与可能出现过的重大火山喷发、邪恶记录、饥馑和其他凶兆相联系，可以追溯到古老深远的中国商代时期，大约公元前 1,750 年。

此外，最近对于树木生长自然规律的进一步观察，开始为设计提供模型。没有其他树木像橡树那样，能够伸展出比较重和比较长的分枝，而且如同橡树那么持久，那么安全。为了认识这种现象是如何形成的，克劳斯·马赛克（Klaus Mattheck）研究了德国森林里的橡树和其他树木。他根据观察，提出了等应力公理（Axiom of Uniform Stress）假设，认为树木活跃生长，在其表面均等分配应力。无论一个危险的应力点出现在哪里，树木都会长出新的木材，控制和削弱应力。

马赛克明智地创造一种方法，在任何树木上模拟这种适应性生长，并且建立模型。这种方法，称为计算机辅助优化（Computer Aided Optimization, CAO），它证实了在任何设计的物体中的高应力点及其处理，尽管高应力点是活树的一部分。就像一株树，研究项目让高应力点在组成上"长出"新的组织，直至危险的脆弱性消除。然后，利用生长数据对产物进行加工处理。外科手术修复骨折所使用的螺丝钉，就是采用这种方法例行制作的，其使用寿命比早期产品长 20 倍。

那么，对于橡树自身的研究，就是一个历史、设计和社会的学校。没有比自然形成的组织结构更为灵活柔韧和可持续的，橡树就是所有植物中应用最广泛的和最成功的。更密切地注意橡树，观察其构成和生存方式，可能会导向从衣着服饰到交通系统每样东西的设计更具有可持续性。

正如人类早期学生发现的，人类不是为了自身的存在而狩猎人型野生动物，致使其灭绝，如同那些研究橡树的人正在发现的，这些树木的成功不能归因于对竞争者的无情压制，而是它的灵活韧性。

多样性
Diversity

我们星球的历史，是自然景观和气候的巨大变化的故事。大陆发生分裂、移动和碰撞。气温、季节、降水和冰盖的隆起与落下交替出现与消失。植物学家埃德加·安德森（Edgar Anderson）把这些变化称作"生境杂交"（hybridization of the habitat）。橡树对此做出的反应，不是特化和收缩自然分布区，而是适应、扩展和辐射，进入更多更宽的自然景观。很少有生物像橡树一样坚韧顽强，它们的生存是应对变化的自身能力。

假如，你向任何两位橡树分类学家发出疑问，橡树有多少种，你将挑起一场争端，因为他们从来都不一致。有些人认为450种，另一些人说250种，大多数人可能会说两者之间的任何一个数目。有些人说，一些种是杂种，或者一些杂种是种。但是，即便是外行观察者也可以告诉他们，橡树有很多很多种。

所有橡树都有橡子，但是有时候，橡子大约就像30-06步枪弹壳一样大，从树上落在你的头上，似乎有这样的感觉。还有些肥圆的，像樱桃炸弹。（有一位住在红栎树林里的朋友，当秋季在外面玩耍时，用棒球队员的头盔装备他的孩子。）有些橡子很小，你可能误以为是喝马蒂尼时佐酒的橄榄；另一些，看起来就像暗褐色的圣诞节灯泡。

连接橡子和树干的帽子（总苞）同样是多种多样的。有些帽子像贝雷帽一样包在种子上，有些像完整遮盖肥硕的豌豆荚的草裙；还有些是褶皱和坦露的。有些具毛，呈鳞片状，有些是圆球状突起，还有些毛状。有些像国王的王冠，有些像贫农的帽子。

这些树木本身是什么？有的树木冠幅120英尺宽，几乎与树高一样。有些树干单一，90英尺高，直到60英尺才有分枝。有些树，从来高不过膝，像蟋蟀草一样向外伸展，另一些顶端枝条伸向天空，而其底部枝条，就像同时摆出两种姿势的舞者。有的橡树生长在沼泽地，蝲蛄在其根系之间挖掘洞穴；有一些生长在干旱期很长的树林外的高地。有些树叶像拇指盖一样大小，而另一些树叶大如餐巾。有些叶子具刺，坚硬得像脱壳的甲虫骨骼。（如果你坐在上面，你会立刻弹跳起来。）还有些叶子很精细，像字典纸。有些树叶多年不落，有些叶子从这个春天到下一个春天，而有些秋季落叶。

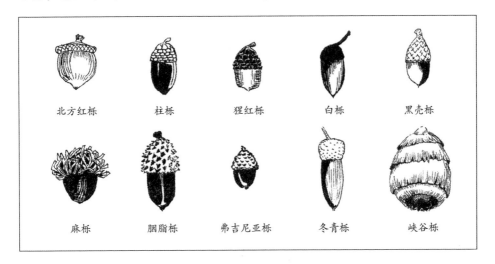

北方红栎　　柱栎　　猩红栎　　白栎　　黑壳栎

麻栎　　胭脂栎　　弗吉尼亚栎　　冬青栎　　峡谷栎

几种橡树的橡实形态〔娜拉（Nora H. Logan）绘图〕

但是，对于所有橡树来说，许多种与其近缘种彼此之间的相对差异很小。在栎属（*Quercus*）中，仅仅几个基因就造成一个种与另外一种的种间差异。举例来说，在 700 个遗传标记中，只有 6 个基因可以区分灰栎（*Quercus grisea*，gray oak）与甘贝尔栎（*Quercus gambelli*）。橡树适应性很强，因为很小的遗传变化就可以产生显著差异。

如果你要求一个有橡树经验的学生与你一起去林中散步，结束时你可能会像他那样充满困惑。他可能清楚地看到，这里有一株沼生栎，那里有一株红栎，但是，他很可能在一株树前面停下来说道，"你看，林子里似乎还应该有些红栎和黑栎，"或者说，"这是一株沼生栎，或者是柳叶栎，或者是有点儿像猩红栎？"总是能够辨别出优势类型，但是一个人却常常看到变化。

橡树常常产生一些小的遗传变异。每种变化在其自身几乎是注意不到的，但是，经过几个世纪，可能会产生显著影响。不同树种可以向前或者向后传递基因，通过几个世代的杂交和回交，树木习性出现新的性状，树木喜欢的生境也会出现新的变化。

通常，这种能力似乎很少是随机发生的遗传现象。在自然景观中，微红的沼生栎似乎于此微红的柳叶沼生栎更好。但是这个过程，在很长时期是强有力的。许多人认为，当两个树种共有遗传信息的时候，结果将是植株的性状介于两种之间，各占一半的。这并非必然如此。基因重组可以产生野生差别，后代与双亲都有一点点相像。大多数甚至没有生命力。它们需要的气候可能不存在，也可能是不育的。但是，如果有机会，少数个体还是可育的。

那些可供选择的少数个体，常常会超出其生命之外，与其亲本种共享花粉或种子，通过回交进入下一个世代。这几乎不产生外部形态变化，而是隐藏在里面，在遗传水平上嵌合体形成了，这足以使在橡树林中的散步者产生迷惑或者兴奋。橡树群体的分子水平上的研究表明，即便是外貌相同的树木，叶绿体也常常会包含不同种的脱氧核糖核酸（DNA）。当橡树周围主要环境发生变化时，遗传丰富性会使橡树迅速产生适应。这些遗传的自我试验永远为可能性提供储备，等待应用。

坚韧性
Tenacity

大约 6,500 万年前，古新世之初，一颗坚果掉落在地球上，位置大概是在现在的泰国。一个看起来很像松鼠与老鼠杂交的很小的毛茸茸的生物，用两只爪子急不可待地摆弄这个坚果。它把坚果带到一个空地，埋起来。山毛榉科（Fagaceae）的一个长寿成员，包括所有橡树，一生中至少结出 300 万个橡子。在那个季节，这个松鼠-老鼠埋藏了大约 200 颗坚果，而且，再也没有找到过某一个特定的坚果。

水分渗透种皮，激活等待其中的微小植株。利用种子中储存的食物，胚根，即原生根，向下弯曲穿透坚果底部的裂缝。胚根感知并且伴随重力，同时追逐阳光。胚根在伸出之后，将坚果在地下翻转过来，改变方向，朝下生长。初生根在生长的第一年进入土壤，盘旋扭曲 1 英尺多长。在生根途径上，初生根比其祖先做出很多。

另外，大约在前 20 年的时间里，树木很像其祖先。但是，当达到性成熟时，出现惊人的变化。当雄花出现的时候，不是竖立在树干上，而是悬挂着，在风中下垂摆动，准备好接受昆虫的访问。这种树，不同于其子孙后代，又回到裸子植物喜欢的比较"原始的"风媒授粉状态。并且，它的坚果不是由带刺的外壳来保护，而是张开的，光滑的，只是有一个小帽子，将其与树干连接在一起。

这就是第一株橡树。

在这一点上，它确实令人失望。

如此壮观的树，至少应该像樱桃、玉兰或者鹅掌楸一样，具有美丽的花。但是没有。精美的花总是赋予那些需要吸引、摩挲和奖赏昆虫的植物。橡树的雄花，看起来像弯曲古怪的线束，现在，大部分人甚至不知道那就是雄花。（当花脱落的时候，我的顾客中有几个人甚至抱怨这些"脱落物。"）甚至花粉也是很轻的，不显眼。而雌花则隐藏在小枝和树干之间的夹角，看起来像小小的丘疹。简直不敢相信，一个如此长寿的庞然大物，竟然来自这样一个微不足道的开端。

然而，雄花还是很好地利用风。雄花成熟了，里面充满黄色的花粉粒，然后释放出金雨，乘风飘浮，越过原野。运气好，花粉粒会撞上隐藏在叶腋里的微小雌花的柱头，于是一个新的橡实便开始产生了。

从包括现在的泰国在内的原始大陆边缘上的单一起点，橡树开始旅行，穿过不断变化的自然景观，经受不断变坏的天气。

大陆板块旋转分裂，板块在海洋底下边缘融合，扩展。海岸承受不断增强的压力。山脉隆起。在这些山脉的阴影之下，天气更加干燥，冬天更加寒冷。这不利于昆虫授粉。如果天气过度干燥寒冷，花粉萌发就可能很差，昆虫会很少，导致花朵受精很差。在任何情况下，风都操控和保障新橡子的形成。在 1,000 万年期间之内，橡树遍布亚洲。

但是，对于西方，尽管欧洲和北美曾经与亚洲相连，但是森林是隔离的。古老的图尔盖海（Turgai Sea）横亘在橡树旅行的路上。

在始新世中期，移动的大陆将两个半岛带到一起，形成一条跨越图尔盖海的陆桥。橡树延伸，跨越，进入欧洲。在那里，尽管大西洋那时已经成为海洋，交错的陆桥仍然连接后来成为欧洲、斯堪的纳维亚、格陵兰和北美的那些地方。由于大陆碰撞挤压，这些路桥有开有合，但是，橡树进入了北美。

4,500 万年以后，世界中部地区气候相当温暖。热带雨林地区向北延伸，直达现在的加利福尼亚北界，北纬 40°，甚至进入阿拉斯加沿海。常绿阔叶树，包括橡树，占有优势。

现在，在墨西哥北部山区有 130 多种橡树。那是一个充满橡树的世界。

如果你置身其中，你会产生一种很好的错觉，宛如进入始新世世界，因为所有这些橡树及其近缘种，一度广泛地生活在每个大陆。事实上，在意大利发现的始新世晚期的橡树叶子化石，与现在生长在加利福尼亚南部和墨西哥北部的橡树叶子一样。

当始新世结束时，大约 3,700 万年前，世界的许多部分又开始猛烈地互相撞击。太平洋边缘推挤北美，火山增加，洛基山隆起。将北美分成两部分的海洋开始排水，然后变干。同时，在环球之旅的半路上，印度次大陆猛然撞入亚洲大陆，向上推出喜马拉雅山。在南欧，阿尔卑斯山开始隆起。

大约 3,000 万年前，气候骤然变冷，是在已知的过去的 1 亿年间地球突然出现的最寒冷的气候。这对于已经出现的生物是巨大的灾难，却是现代世界的基础。寒冷出现以后，全球平均温度下降 13℃。

永久性的冰盖开始覆盖地球高海拔地区。海洋第一次获得冷水深度。寒冷干燥的季节变得更长，更显著，而且更加不可预测。寒流快速流向南北走向的山脉低谷，诸如阿帕拉契亚山和洛基山。当遇到东西走向的山脉时，像亚洲和南欧的山脉，寒冷变得缓慢。最后，图尔盖海永久地消失了，于是，欧洲和亚洲稳定相连。

昆虫授粉，曾经似乎很确定的东西，现在则变得不很确定。大量的传粉媒介一起死光了，而幸存者则取决于天气的怜悯，在气候还停留在像过去一样的地方存活下来。一些植物，包括最古老的橡树，在气候几乎没有发生变化的地方寻找避难所。但是，新的橡树出现了。

在北美，寒冷进一步向南渗透，橡树演化出新的策略。假如气候不能确切地预测，以至于橡实不能保证在一个季节成熟，那么，为什么不利用两个季节呢？

红栎族的橡树这样做了。现在，所有真正的橡树，或者属于白栎组，或者属于红栎组。白栎组比较古老。白栎组的橡实在一个季节受精和成熟。白栎组树种的叶子光滑，尖端有裂片。红栎组树种叶片尖端有刺，橡子两季成熟。第 1 年早春时节，花粉粒乘风到达雌花的微小柱头。每个花粉粒向下钻进深藏里面的 6 个胚珠中的一个。但是在第一个秋天到来时，花粉粒中途停顿下来。下一个春天，天一变暖，成功的花粉粒立刻进入它的胚珠，于是，橡实开始变得成熟。想象不出一个更可靠的方法，去控制逐渐变得不可预测的气候。

在变得严寒之后，天气曾经短暂地缓和，但是很快又变冷了。在北方，天气过于寒冷，阔叶树不能够保持常绿。冬季周期性的寒冷，使树叶变得干燥，结冻，叶子（不是针叶）也不能有效地工作。因此，橡树又发生变化。有些橡树，第一次成为落叶树，每年寒冷季节掉落叶子，增强耐寒性。

这是一个具有风险的变化。它意味着一个不得不严格调节的能量经济。现在，每年有一个没有光合作用的时期，前一年储存的能量，必须足够供给春季发出新叶。在叶子刚刚发出之后，树木可能严重缺乏能量。此时的病虫害危害和日照不足，可能会造成灾害。

在过去的 100 万年间，气候至少出现过 24 次从寒冷到温暖的明显脉动，然后又反复出现。在这些脉动中，可能有 6 次很深远，每次持续 4 万～10 万年。在低温时期，海拔高度在比现在结冰的地方低 3,000 英尺的地方，就会形成冰川，冰块吞噬整个北半球原野，向下大约到达美国的西雅图、圣路易斯和纽约的海拔高度；欧洲到达阿姆斯特丹、华沙和柏林；在西亚到达基辅。在高温度点，气候多少与现在相似，有时候甚至还暖和点儿。

随着每次冰川推进，橡树向南后退，进入诸如地中海盆地，欧洲阿尔卑斯山南面山谷地区，东南亚及北美的东南部和西南部地区。随着每次变暖，橡树又向北回归。在间冰期，最暖峰值陡峭狭窄，冰期寒冷也是如此。在过去的 100 万年间，没有一次间冰期持续超过 2 万年。

最近的冰川时期是在 19,000 年前。滚动的冰川撞击岩石，打成碎片，直到石块被研磨成粉状。在超出冰川所到达的范围，由于反复的冰冻和融化，岩石破碎，碎片暴露风化。

12,000 年前，气候开始突然变暖。新鲜的完全没有淋溶过的土壤液化，下面的冰川融化，漫灌原野。斜坡处处流水，产生新的土壤。旋风吹起沙尘，吹到几百英里之外，遍布原野。这就是人类在坚韧顽强的橡树中间藉以形成的舞台。

合作性

Cooperation

突然冒出来一只松鸦，它偶然发现一株橡树的枝条。松鸦梳理自己的羽毛，环顾四周。时值十月，风吹着，天空布满絮状的云，不计其数的成熟橡实，挂满枝头，散落树下，恰是丰盛的美餐。这只松鸦抬头望望，然后拾起一个橡子，晃动这枚坚果，掉过头来，似乎思索一下，然后扔在地上。（这个种子大部分被象鼻虫吃空，很轻，夜夜地响。）这只松鸦又看了看四周，跳来跳去，又捡起另一个橡子。用它长而弯曲的脚趾牢牢地抓住橡子，松鸦把橡子有钩尖儿的一端朝上，用下面的脚趾夹住，挤压，扭转，把橡子的壳撕下来。然后松鸦把橡子弄碎，吞下这粒富有营养的种子。

如果恰好在这个时候，有更多的松鸦出现在这里，肯定都会奔向这株美丽的橡树。第一只松鸦一看见他们来，会立刻改变吃的主意。它会搜索树枝，努力寻找饱满的橡子。当它发现好的橡子时，就会整个吞下。这是头一次见到的令人吃惊的事情，没人会想到这么一个小鸟会吞下这么大的东西，而不会噎死。它把橡子储存在可以膨胀的喉咙里，这是松鸦为这样吃东西而进化出来的。一只松鸦能够储存 5 枚橡子，当然要看橡子和它的喉咙的大小。它尽力塞满，能塞多少塞多少，最后喙里再含一个，就飞走了。

其他 10 多只也看见橡树的松鸦，开始同样的做法。尝试，选择，吞咽，选择，吞咽，尝试，呸，选择，吞咽，最后，含着一个飞走了。每只松鸦都要来回好几次，采收树上的和地面上的果实。

当还有许多橡子的时候，采食是和睦友好的，安静的。每只鸟都在为自己忙碌着。可是，当只剩下很少几个饱满橡子的时候，骚乱就发生了。松鸦争夺最后一个橡子，发出尖叫，当胜利者心满意足地飞走的时候，许多鸟飞翔追逐，企图偷抢过来。

鸟都飞走了，留下孤零零的树木，大量丰富的橡实只剩下几百颗了，几乎全部是未成熟的，或者是有象鼻虫或真菌寄生的。一切恢复平静，只有风声，风吹着正在变得干枯的褐色树叶呼呼作响。

橡树演化大约始于 6,500 万年前。松鸦也是如此。在一些地方，譬如像墨西哥的马德雷山脉，比其他地方都有更多的不同种类的橡树。松鸦也是一样。松鸦和橡树就像一对夫妻。本质上说，橡树驯化了松鸦，或者反过来，松鸦驯化了橡树。

依靠一种或一部分橡树为食的动物和真菌的名录，可以写满一个小的电话簿，但是大部分动物只是选择它们所需要的。橡树是它们的寄主，习惯于支撑大批饥饿的客人。确实，橡树的每一部分都充满苦涩的物质——单宁，旨在控制客人的数量，至少可以减少它们的食欲。有些则给予回报，某些真菌给予水分和营养，作为它们所得食物的交换，松鼠所做的大致与松鸦相同，散布和种植橡实，每吃掉或丢掉 3 个，会埋进土里 1 个。但是，橡树和松鸦是彼此赖以存活的关键，它们从开始就是如此，及至彼此遍布全球。

松鸦和橡树组成奇怪的一对儿。我们习惯于赞美橡树，但是对于松鸦呢？在一个地方，它们是灰蓝色的，看起来总是沾满灰尘。在另一个地方，它们是蓝黑色，冠毛向外，看起来像生气勃勃的飞行的箭头。第三群肩膀上有条纹，像一等兵，还有一些呈现漂亮的橙褐色，装饰着蓝色的衣袖。但是，无论何时何地，只要他们可能出现，松鸦总是很喧嚣嘈杂，声音沙哑刺耳。在树林边缘，几乎不可能不踏进松鸦的领地，无论你什么时候进入，你都会听见它们在叫。松鸦的尖叫声，听起来就像被蚊子叮咬一样。的确，欧洲松鸦的拉丁文属名是 *Garrulus*，其含义就是"话太多"。但是，如果我们想要赞美橡树，我们必须先学会也赞美松鸦，因为在它们两者彼此之间，它们改变了地球表面。

松鸦能做一件橡树不能做的事。松鸦在移动。不管什么时候，它们似乎都在移动。当我们通过牠们的领地时，它们看起来是在无目的地争吵，但可能是不欢迎或讨厌我们，让我们走开。但是，我们如果坐下来，过一会儿你就会看到它们在做什么。

松鸦把橡子搬走，常常搬到牠们的筑巢附近，在树林边缘，或者是在树林与田地之间，在高草和低草之间，在花园和草坪之间，埋下所找到的橡子，不是几个埋在一起，而是一次埋下一个。

松鸦尽力把橡子推到土底下，用嘴夯实，直至橡子完全被土盖住。再用嘴巴扫来扫去，用土和沙盖住坚果。然后，拾起一些树叶、小枝或砾石，精巧地盖住储藏物。

平均来说，一只松鸦在一个秋季埋藏 4,500 粒橡子。橡子是成年松鸦冬季里几个月的主要食物，在春季，供成龄鸟和幼龄鸟食用。但是，如何很容易地找到数周或数月之前埋藏的这几千个坚果呢？

波斯玛集中地研究了欧洲松鸦，结论是松鸦把坚果大部分埋在边缘，这样就有标记来确定位置。此外，它们是一个个地埋下，不是都埋在一个地方，如果被其他觅食者发现，不至于被全部拿走。松鸦真的又找到坚果，恰巧是在波斯玛的花园里，他在 1979 年的研究中做了如下报道：

> 10 月中旬，我在花园里观察到一只带有标记的松鸦藏匿食物。这只鸟的食道管里有 3 个橡子，第 4 个含在嘴里。它把这些果实藏在不同地点：第 1 个靠近树干，其余的藏在草坪的边缘。直到 72 天

以后，我才在这个地方又看到了这只松鸦。它在树干前面藏匿点落下来，竟不犹豫心情准确定橡子的位置。它飞进树里，脱壳，然后把橡子全部吃掉。然后，这只鸟飞向草坪，靠近边缘，在藏匿处几英寸范围内很快地挖掘了两次，第3次找到了橡子。在同一株树上，脱去橡子壳后，吃掉，此后，这只鸟了无踪影，在花园这边再也没看见它。在5月，剩余的藏匿橡子长出幼苗。

松鸦甚至还会利用幼苗。当萌条形成的时候，松鸦会拔起萌条，用嘴抖动，把营养丰富的子叶从埋藏橡子的地下土里弄出来。这个过程通常会使幼苗死掉，但是它往往没有弄死幼苗，松鸦常常用橡树食叶害虫的蛹，来喂食新出生的雏鸟。

橡树为松鸦供应主食，这样做已经几个地质世纪了。松鸦在身体和精神方面都发生改变，以适应这种生存方式。松鸦有钩的"V"形上喙适应撕壳，膨大的食道管是为了储存橡子，以便运输。松鸦还演化出和头骨相连接的下喙，这样在使用喙锤打时才会准确。而且，松鸦的繁育时间与可从橡树获得食物的时间一致。在思维上，松鸦发育出记忆景观特征的惊人能力，能够再次找到所藏匿的橡子。

松鸦在这方面做得很好，正如它们高调宣称的那样。那么，橡树又如何呢？有捕食者吃掉幼虫是很好的事，不然的话，你的叶子会被吃掉，不过，当这些捕食者抓取你的果实并且吃掉，或者粗暴地对待你的幼苗的时候，事情就不那么好了。然而，事实上，松鸦是世界上最伟大的橡树种植者，是橡树得以传播和占据优势的重要工具。

松鸦把橡实带到成年大树的浓密阴影之外，种在森林的边缘，橡实会有充足的阳光，但是，没有防风保护。松鸦把橡实种在土壤既不紧实又不积水的地方，因为紧土和积水都不利于松鸦放置坚果。橡实在良好的土壤生长，免于遭受真菌感染或者积水窒息。松鸦遮盖和隐藏橡实，使之不易受到鹿、鼠类、火鸡、熊、豪猪、獾和其他喜食橡子的动物危害。

平均来说，松鸦每藏匿4个橡子只能找到1个。甚至更多的是被其他各种捕食者发现，或者受到感染，腐烂，或者在萌芽以后被松鸦或其他觅食动物损坏。一般来说，在松鸦每年隐藏的橡子中至少有几百个存活下来，长成幼苗。这不需要高等数学来计算，就可以看出这对于橡树在森林中繁衍具有重要意义。

研究北美和欧洲冰川后期景观的学生长期陷于困惑，橡树重新开拓冰川退却后留下的不毛之地到底有多快。橡树的花粉化石分布表明，即便是橡树基因组已经适应，通过风媒授粉传播的普通路线，其传播速率每年也不会达到 1~2 英里。松鼠与松鸦竞争采集和藏匿橡实有助于橡树繁殖，但是松鼠不会传播，那么，是谁把橡实搞到距离母树 100 英尺以外的地方。

不过，松鸦在决定把喉咙里的橡子埋起来之前，可以把橡子运到 1 英里开外。橡树凭借花粉雨轻飘飘地四处飞翔，可能出现植物迁徙的尺度，以最快的速度奔向北方。自从橡树和松鸦离开劳亚大陆以后，可能还是这样一次又一次地重复着。

因此，我们很难只是赞美公园里、街道上、树林里或者草原上那些强壮稳健的橡树，同时不赞美松鸦。正是那些朝你大声叫嚷、飞过头顶或许偶尔掉落一颗橡子在你头上的东西，赋予了橡树双腿。

灵活性
Flexibility

没有落叶的松树，没有常绿的槭树。也没有落叶的云杉，没有常绿的白蜡，没有落叶的刺柏，没有常绿的椴树，没有落叶的雪松，没有常绿的红瑞木。但是，却有落叶的和常绿的橡树。

在我成长的地方，加利福尼亚北部沿海地区，大概 50 年左右下一次雪。大部分橡树是常绿的，并非全部。一株赤裸裸的橡树，死了的橡树，是我童年时期一件很悲伤的事。因此，我假设多数橡树永远是绿的，只有很少橡树落下枯叶，这引起我的兴趣。有十几种叶子落在地面上，通常是在秋季，但是在其他季节也会落叶。大部分落叶是海岸常绿栎（*Quercus agrifolia*）的，凹陷，蜡质，刚硬，带有锐尖。一般情况下，叶子变成淡黄色，带有一些促使落叶的真菌的黑斑。如果是叶子落下时尖端朝下，则会在风中沿着地面高速而平稳地移动，就像溜走的虫子。如果是尖端朝上落下，就会刺入光着的脚，在橡树底下的椅子随意坐下时会吃一惊。

我现在住在美国西北部，这里的橡树都是落叶的。但是，我在这里注意到，有些橡树拒绝落叶。大部分是沼生栎，幼树，但是较大的树，包括其他种类的橡树，有些干缩僵硬的深褐色死树叶仍然留在树上。这些树是我的冬季伙伴。没有哪一个一辈子住在像加利福尼亚沿海这样地方的人，能够领会冬天里落叶和常绿树木混交的地方发出的噪音的变化。你可以通过特别的声音来辨识你在哪里。

风唤醒了白雪覆盖的树林。冬天，铁杉或云杉在小树林喁喁私语，根部萌条和树干咯吱作响。落叶林发出深沉的上升和降落的声音。如果森林里有一棵树断裂，摩擦声音宛如枪声，足以吓得走路的人转身开跑。

我对冬天里橡树上宿存的枯死叶子发出的声音，习以为常。不是快乐，而是感觉亲切。咔咔作响，嘶嘶耳语，像孩子滑倒在沙地上，脚踢石砾。我可以察看和找出哪株树作响。每株树发出不同的声响。我觉得，我为他们的坚持不懈而感到骄傲，而且，我总是自觉地意识到这些叶子脱落的时候。（如果这些叶子不落，新叶就不会长出。）但是，我还没有看到。4月里的一个早晨，我转过身走向一株树，树上有一些摇摆的花和鼠耳状的新叶。

常绿橡树是为适应温暖气候而演化出来的，无论湿润还是干燥。在这些气候条件下，光合作用整年进行，不断地需要水分，向树干运送矿物质，到达制造营养和能量的地方。叶子表面变成蜡质，以免突然失水和萎蔫；叶子通常是完全叶，不开裂，意味着变热或者变冷的过程都比较缓慢；在整个叶片上，防止水分蒸腾的空气阻力，要比在较薄的和开裂的叶片上面更大。一般来说，叶子略微凹陷，保护叶子背面气孔，防止干旱造成的水分蒸腾和稳定失水速率。

这种外表的差异是与内在差异相对应的。与其落叶的关系不同，常绿橡树在直径大的早材维管束和直径小的细胞壁厚的晚材维管束之间，没有表现出明显变化。生长季开始时长出的木材称作早材，生长季晚期产生的木材是晚材。维管束在树木中起着循环系统的作用，在每个年轮中的分布比较均匀。

通过这些小孔的水分运动较少，水分运动缓慢。不过水分运动比较稳定可靠。维管束越小，越不容易产生阻断水柱的气泡，避免通道失去作用。大部分常绿橡树的维管束不仅仅在当年生长季起作用，而且在此后的几年中仍有作用。常绿机制产生一种缓慢而稳定的生命脉动。

落叶橡树代表一种相反的选择。尽管在一些气候条件下常绿的和落叶的橡树一起出现，落叶橡树却单独走向具有极端寒冷季节的地方。当落叶橡树在春天最初展叶的时候，向形成层，即树木生长层，发出信号，远至树根，而且很快，新一轮木质部细胞将要承担从地面到树叶的水分输送，其大小比其原始大小膨大500倍。同时，木质部组织开始从每片叶子的芽的基部向下扩展，直到两个相遇，新一年的循环系统创始了。每个木质部细胞在扩展以后，很快便死了。一个细胞常有的内含物排出了，木质部细胞尾尾相接，几百万个细胞垂直地、水平地和旋转地结合在一起，产生一个上升的管道迷宫。

一株橡树木质部所产生的吸力，比从根系到树木顶端提升的水分所需要的最小的吸力大4倍。这一机制产生的真空比任何一个实验室做的都更完美。当太阳温暖，有水分可利用的时候，每小时有4加仑以上的水可以通过直径8英寸粗的树干。树液的上升速度达到200英尺/小时，或者说高于3英尺/分钟。

随着季节进展，这些巨大的液流却大部遭受阻断水流的气泡的堵塞。有时候，这种现象是由一天一天的或者一季一季的压力变化引起的，但是，更直接的原因是冬季枝条撕裂造成的。当一个维管束堵住的时候，当然，会寻找另外通道，但是，到了夏天，大部分通道很可能堵塞。

似乎出于这一预期，落叶橡树开始在春末晚材中产生小得多的厚壁维管束。在春季狂饮之后，落叶橡树变得更像其表兄弟，常绿橡树。尽管，较小的维管束从土壤中运输材料比较缓慢，但是更能保障通过，因为体积小而能保持高的压力，并且不利于气泡的形成。

落叶橡树叶子的大小和形状有利于调节其水分经济。纤细的叶子，诸如那些南方的常绿橡树，弗吉尼亚栎（*Quercus virginiana*）和命名恰当的柳叶栎（*Q. phellos*），承受较小的空气阻力，能够快速地释放水蒸气。同时，相对小的叶片使之更快地凉下来，因此夜晚液流减缓。那些先端有裂片的大叶子北方红栎（*Q. rubra*）、黑栎（*Q. velutina*）和白栎（*Q. alba*）要承受较大的空气阻力，但是发热更快，并且能够散失更大的水量。不过，与未开裂的叶片相比，深的裂片使得叶子表面更多地暴露于空气，这些比较大的叶子在夜晚凉得更快。

如果你一定要描述常绿橡树与落叶橡树两者之间的区别的话，那么，你也许可以说，前者适应于马拉松，后者适应极速短跑。介于这两个顶梁柱之间，任何可能存在的橡树都是中间类型。有一些小叶的、完全叶的落叶橡树和叶片二裂的大叶常绿橡树。诸如南方常绿栎和沼生栎（*Quercus palustris*），其叶子不是很典型的常绿，但是会留存树上，直到新叶出现，有些像黑栎之类的落叶橡树，具有巨大的二裂叶片，叶子上面的茸毛，有助于叶子降温。有些橡树，诸如沼生白栎（*Quercus bicolor*），似乎还没有决定是否将叶片变成二裂，而其他栎类，例如柱栎（*Q. stellata*），似乎努力将其叶子变成小十字形。还有些栎树，像英国栎（*Q. robur*），具有细小的浅裂的叶片，如果碰巧，你会看到这些叶子似乎就要凋谢，而熊栎（*Q. ilicifolia*）叶子粗糙有刺，背面拱形，看起来就像无数个跃跃欲试的小爬行动物。

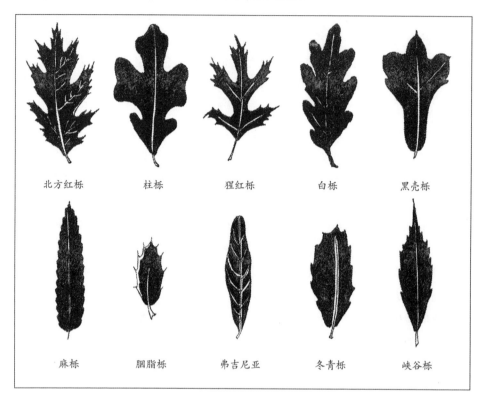

北方红栎　柱栎　猩红栎　白栎　黑壳栎

麻栎　胭脂栎　弗吉尼亚　冬青栎　峡谷栎

几种栎树的叶子形态〔娜拉（Nora H. Logan）绘制〕

人们不禁会想到，在这些巨大的变异中，一定有适应的和导向的元素在起作用。在极为相似的立地，似乎有些橡树采用一种方式，另外一种橡树则采用其他方式。概括地说，树木的体系结构倾向于特化，或者超过其他树木在林冠中占有优势，或者能够迅速扩展排挤其他树木。橡树在两方面都做到了。

在索诺玛北部折叠山地的葡萄酒产区向上行走，我发现高大的落叶的加利福尼亚白栎（*Q. lobata*）与向四周扩展的常绿峡谷栎（*Q. chrysolepis*）生长在一起。在波莫印第安保护区的一家农场，最高的树是一株白栎，从相邻的一株树冠最宽的常绿橡树那里，生长越过大街。那株常绿的橡树伸展得很宽，树的主人沿着下垂的枝条竖起围栏，筑起鸡舍和猪圈。

谨慎精明
Prudence

在嘉文爵士和绿衣骑士的童话中,那株常绿的神圣巨人不需要拯救。正是嘉文,那株落叶的橡树必须拯救,免于死亡。这既不是离奇的传说,也不是陈腐的理解。它告诉我们真实而简短的关于树叶的事实。

叶子不是装饰。无论对于树木还是对于我们。生活在地球上的微生物也不是叶子的装饰。每当春天落叶树的叶子出现和展开的时候,向新的季节发出收获太阳能的信号。只有叶子能做这件事。没有叶子,我们将会死亡。

新叶抽芽叫作"绽放"。一些树木只在春季绽放一次新叶,另外有些是两次,还有的树木,从春到秋连续增添新叶。

所有这些增添新叶的方法既有优点,也有缺点。如果春季可靠,一次绽叶就可以了,但是,如果恰好碰上坏天气,就会对叶子造成破坏,就会严重影响植物在一年中其余时间生产食物的能力。两次绽叶,为抵抗坏天气提供一些保障,但是,坏运气仍然会出现。你可能会认为,连续生长会克服这个问题,但是,需要花费更多的能量,去不停地保持新的生长。如果坏天气集中出现在一个季节,不停地努力发出新芽,就会严重减少树木的能量储存。

落叶橡树演化出一种补偿机制,可以利用非连续绽叶的能量经济和连续生长的长时间框架。落叶橡树在早春、初夏和仲夏,有时会在秋天绽叶,可达4次以上。换句话说,橡树每年从芽绽放新叶可达4次。这种不连续的绽叶,不取决于前一次的成功,但是,树木在两次绽叶之间得以休息,就不会耗费能量,以便抵御气候异常。用这种方式,即便是坏天气年份,橡树也有机会生长和开始新的生活。如果条件变化连续多年,橡树可以调整绽叶的次数,以便适应新的气候。

每次绽叶,一套新的尖端和侧芽,便在前一次绽放的顶芽上形成了。当绽叶受阻时,顶芽展开,侧芽耗掉,叶子出来,这通常仍然保持休眠状态。这就是为什么橡树似乎在仲夏改变颜色:突然扩展的新生长可能呈现微红色或微黄色,因为是直立在顶端,整个树木看起来似乎全被新叶覆盖。下面的侧芽没有能力竞争。

然而,在这一鲜亮表现的背后发生了什么,使得橡树形成很强的适应性及其占领广阔空间的生长能力。当侧芽尖端开始膨胀的时候，前一次绽放的最强健的横向侧芽开始抽枝扩展。在后面的新的顶生枝向外突出伸展，横向生长的密集的小枝簇拥着侧枝。还有，这些横向侧枝的顶端向外生长，形成主枝。每次后续绽放都是向外推展，使得橡树完全占据了新近拓展的空间。

橡树的芽〔摘自马歇尔·沃德（H. Marshall Ward），《橡树》（*The Oak*）〕

橡树毫无节制，不仅仅在于所长出的侧芽数目，而且还在于没有长出的侧芽数目。很典型的是，只有最外面的和最强壮的侧芽生长，剩下的半数以上的芽继续处于休眠状态。平均而言，这意味着一株成熟橡树，也许有100万个芽根本就没有绽叶。美国园艺学家贝利（Liberty Hyde Bailey）认为，这一现象很好地证明了大自然的残酷无情，他对生长树干所做的完美观察和细致绘图本身，就值他的书的价钱。他说，芽为生长的权利而竞争，但是，只有那些最强壮的和最适应的，才获得这种权利。

然而，并非完全如此。休眠芽不是失败者，而是储备的一部分。它们会维持生命力一年以上，如果在风暴中失去枝条，在必要的时候，就会发出新芽。树木会在休眠芽掉落的疤痕处长出新芽，叫作不定芽。

储备很重要，不仅仅是对于橡树的存活，而且对于人类大众的健康。木质产品依赖于橡树，薪材和建筑材等每一样东西，大部分从砍伐树木获取，或者砍下主枝，或者从地面伐倒。你可以期望橡树从被砍伐的一端强壮更新，在 10 年间长出木材。

休眠芽和不定芽还是橡树坚持性和灵活性的一部分。人类不是唯一的毁坏橡树枝条的行为主体。还有毛虫、甲壳虫、钻蛀虫、溃疡病、腐朽病、雷电、冰雹、飓风和牛羊等其他危害。有谁知道，在人类史前时期橡树细嫩的枝叶曾遭受过哪些危害呢？从芽可以找到橡树遭受破坏的答案。无论遭受什么破坏，重新生长的位点都是芽。

芽还是衰弱的礼物。没有任何其他一种树，长到老还像橡树那样美丽。假如你能把 900 年时间压缩成几分钟，你就会看见，一株橡树像烟花一样腾空扩散，然后犹如最好的火箭般下沉，回到原来的自己，在其四周，宛如充满绿色的雨滴。

在其下沉过程中，那株橡树呈现鹿头状，正在熄灭的前端伸展出活像雄鹿的角。枝条末端，开始枯死掉落。随着每次枯死，几个新芽发出，与下面的枝条一起欣欣向荣。新芽抽出端直向上，然后再像喷泉的水柱一样，弯垂下来。有时候，枝条上有许多芽，有时几乎没有。橡树不会快速和安静的生长。橡树庆祝自己的轮回。这就是为什么，诗人约翰·德赖登（John Dryden）这样赞颂橡树，"300 年生长，300 年生活，300 年死亡。"

坚持不懈
Persistence

一株植物根系与枝条的比率是植物学家的衡量标准，用来表达幼树的稳定力。如果一株树顶端生长很快，根系很少，则木质化很弱，活不了多久。生长快的早熟，很快就繁殖。例如，白桦的产种能力远远超过橡树，寿命只有橡树的 1/4，但是一生中生产的种子比橡树多出几个数量级。对于这样的树木，几千个单株早死，几乎不产生严重后果。如果一株树长出很多根，枝条缓慢增加，则可能寿命很长，抗性更强。

几乎没有实生树木，其根-枝比率大于 1，大部分树木的比值小于 1。这就是说，大多数树木地上枝条量大于地下的树根量。但是，实生橡树的根-枝比率平均是 4 ~ 6，而且有些橡树大于 10。一种橡树的根量是树干和枝条量的 10 倍。

当橡实刚断裂下来的时候，其表面上的生物常常不知道。很可能，幸运的橡子隐藏在枯枝落叶层之下。未来的树干还没有抬升到地面，但是根已经很快扎下去。

不论活下去的机会有多大，橡树都会产生很多很多的根。英国植物学家萧（M. W. Shaw）报道，25 年生的橡树实生苗，高度不到 2 英尺。在第一年，橡树的主根向下伸展 1 英尺，粗如铅笔，同时围着茎干长出第一批侧根。尽管主根在以后的重要性降低，但是粗生长要花几年时间，尽可能储存食物，直至树冠超出火鸡和鹿所能够到的高度，不然的话，容易遭受一次一次的啃食。

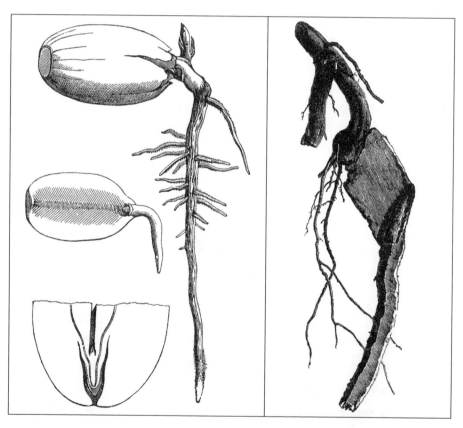

根向下生长（左）；通过岩石裂缝而被挤压偏平的根（右）〔摘自马歇尔·沃德（H. Marshall Ward），《橡树》（The Oak）〕

一些根尖缠绕，也就是"四处游动"。分生组织细胞，也就是生长尖端，进行分裂，然后伸长，然后再分裂。分生的速度依其所处位置和扭曲状态的不同而变化。根就像螺旋钻，在土壤里开路。根系生长速度相当快，每天可以达到 25 毫米。如果你有耐心，肉眼足可以看见根在穿过土壤生长。

树木一年生产的营养物质，有一半用于生长新根。一个学生痛惜这种无效性，不能解释为什么橡树如此挥霍浪费。我认为橡树是在工作，同样的方式，一个人反复演奏连续的音符，以用心体会。通过长出比实际需要的更多的根，橡树，才有可能更加枝繁叶茂。

根系可能卷曲，但是它们努力向外伸直生长。根总是分叉，但是任何一条根的生长，尖端总是像开始那样持续生长。生长在旷地的橡树，其大的侧根向外伸展几百码。起初，可能像人体一样粗，但是很快变小，距离主干 6 英尺的地方，变得像手腕一样粗细，30 英尺处像铅笔头，50 英尺处像草一样，在 100 英尺处，比头发丝还细。

根系不轻易游动。他们对障碍物，如石头、积水区和有毒物体等有所感知并做出反应，其精细敏锐犹如人的舌头，比人的手指或胳膊更坚强更有智慧。如果正在生长的根碰到石头，就会轻微收缩，转向另一边，一旦通过障碍之后，又转回直线生长。或者，如果感知到最细小的石渣，会裂成薄片，通过缝隙向另一侧生长。

根知道，已经到了哪里。根知道，扎进土里有多深，因为它们测出周围的氧气含量。哪里氧气越多，越往哪里生长。这就是为什么在根与地面平行生长时，形成层总是朝上的一面，增加更多的组织，形成层是树皮之下的细胞层，具有树干粗生长的功能。如果一条根不得不扭转绕过石头，它知道从偏离返回，重建它所需要的氧气环境。

曾经一度认为，树木的枝条与其根系是互相照见的镜子。如果你从地面拔起一棵树，抓住树干的中部，你会有一种似乎很像傻瓜的感觉。然而并非如此。植物学家发现，一些极有耐心的斯堪的纳维亚人带着大画家和考古学家的谨慎，把几棵成年大树根系上的土壤精心刮掉。

想象一下他们的激动和恼怒。他们觉得已经走出根系的范围，因为走出了头顶上枝条从树干伸展出来的大致距离。但是没有，根系继续伸长。5 英尺，10 英尺，25 英尺，50 英尺……根系越朝向尖端，根变得越小越多，科学家由于看得筋疲力尽，肯定已经头晕目眩，在感觉到发现一些非常重要东西的时候，不可能同时再做一些荒唐可笑的事。当大量的树根离开树干的距离将近了树冠最大伸展宽度 3 倍时，他们放弃了。但是，还有很多树根，长度超出这个范围。

根变得愈小，其生命愈短。大多数较小的根，生命 4 年或更短，有一些只活过一个季节或者一周。许多铅笔粗细的根死去，或者一年之内更新几次。几乎在显微镜下才可看见的根毛，与益生真菌一起工作，为树木吸收营养，可能几小时就会更新。成熟的红栎大树，平均具有 5 亿个活的根尖。

橡树根系生长加倍持久。在叶子每年绽放 3 ~ 4 次的同时，根在 3 ~ 10 月期间不停地生长，在某些气候条件下，11 月还在生长，在北半球温带地区，生长高峰期出现在 5 ~ 6 月下旬，小高峰在 8 月下旬至 10 月初。

破坏橡树的根系具有一定风险，不是一件好事，因为橡树的生命依赖于根。枝叶只是树木的美，而人们总是认为枝叶是最重要的部分。实际上，并非如此。你可以反复地砍伐橡树至地面，树木将从根系储存的能量中萌生枝条。不过，你一旦严重地毁坏树根，树木将会死掉。

无数条看不见的树根尖端在土中游动。神秘作家柯林斯（Wilkie Collins）所写的不只是妙笔生花的富有诗意的句子，"奇思妙想，优雅动人，所有这些属于艺术品的高尚品格和鲜花蕴含的芬芳与美丽，只有在大地扎根，才能植于天堂"。

共同体
Community

许多单株橡树，实际上不是单株。例如，得克萨斯州中部的常绿橡树，那些形成延伸 50 平方英里的树林，实际上每一片都是由少数几株橡树组成的，这些橡树通过从自己的根上发出萌条，形成许多附生树木。换句话说，一个看起来由几百株树木组成的树林，实际上只有 4 ~ 5 个遗传个体。

但是，橡树即便是单株长出来，也常常不会维持单株。当一株橡树成熟的时候，根系所达到的面积是树冠面积的 4 ~ 7 倍，伸展的直径是树高的 2 倍。这意味着，在一个橡树占优势的混交林中，土壤被弯曲的树根紧密地包裹住。不同种的橡树，或者不同属的树种的根，互相紧密地交织在一起，固持菌根和腐烂的枯枝落叶形成的极其微小的团粒。尽管这样，它们还保持着独立。但是，在同一种橡树之内，特别是红栎组的树种，当其树根相遇时，常常形成嫁接，也就是说，它们的维管束系统连接，基本上，成为新鲜的组织。

老一辈，把"不能只见树木，不见森林"，看成更真实的隐喻。因为我们看不见土壤下面的东西，我们不知道，这些橡树不只是单纯的邻居，还互相遮蔽抗风，分担捕食者的压力，在地下肢体相接。

在任何森林中，一些树木占有优势。它们先获得阳光，扩展最快，在地上和地下占领地盘。其余的树木，林学家称之为"受压木"，很费力地达到林冠层，但其直径只有优势木的1/2，尽管年龄相同。还有一些几乎没有机会达到林冠层。其他树种，也可能生长比橡树的幼树快，使之得不到光线。

在一个把大自然说成总是残酷无情的世界里，也可能有人期望这是正常的：如果你不能竞争，那么只有去死，或者避开。然而，事实是，在橡树森林里，占优势的橡树有时候支撑帮助受压木。通过嫁接的根系，营养从过剩的树木输送到不足的树木。这样的森林帮助其弱小的成员。这对于整体来说是一件好事，因为当大树遭到风折、衰老、砍伐时，受压木足够健壮，占据优势木的位置。

森林还支撑病树。譬如说，一株橡树遭受部分环割，营养不能从制造光合作用的叶子流动到树的基部或者树根。树木没有因为饥饿致死，它被喂以糖分，从其他健康树木通过嫁接根系运送过来。借来的糖分在树干健康的木质部中上升，延续时间，于是，受伤的树就有时间重建循环。

实际上，森林甚至还支撑其死亡树木。橡树林中的伐根腐朽缓慢，常会再生萌条。这并非简单的归因于它们自身还有生命力，而是相邻树木通过嫁接的根供给养分。如果你仔细观察美国中西部的沼生栎林或者红栎林，就会发现大多数树木是从伐根萌发出来的，几十年前采伐的森林更新。

即便是伐根没有再生的地方，其树根可能还在继续为森林服务。母树很早就腐烂的地方，嫁接的根系继续为存留下来的树木吸收水分和养分。这些被收养的树根在橡树林中是常见的。

不过，所有这些互相帮助，都带有一个重大的缺点。根系是敞开的养分管线，但是也可能是没有任何阻碍的疾病迅速传播的渠道。如果这片森林只是一个群落，或许有希望：身体上互相分离的树木也许会存活下来，恰恰像讲薄伽丘《十日谈》（Boccaccio Giovanni, *Decameron*）故事里的人说的那样，通过把自己锁在城堡，避免与病人接触，才有希望从瘟疫中存活卜来。但是，这里的成员在地表以下是互相衔接的，根本没有隔离的希望。

慷慨大度
Generosity

参加橡树大餐的嘉宾名单，比罗马史诗中的伊利亚特舰船的目录还长。在餐桌上进食的所有的生物中，最突出的是：橡树钩翅蛾、刺蛾、橡树尺蛾、棕底花条纹的和大理石花纹的尺蛾、栎树美尺蛾、大栎树美尺蛾、绿橡卷叶蛾、翠辉椋鸟、紫蛱蝶、木虫、橡皮甲壳虫、红栎卷叶蛾、橡实象鼻虫、叶蝉、嘁嘁作响的和跳跃的蜘蛛、锯蝇、蛀虫、天幕毛虫、毒蛾、栎毛虫、多毛天牛、双线板栗蛀虫、大西洋橡实象鼻虫、信鸽树蜂、周期蝉、贪食圆蚧、金色栎圆蚧、黑星蚧、栎蚧壳虫、牛肝菌、露链蚧、蜜环菌、野鼠类、块菌类、灵芝类、老鼠、树鼩、獾、松树、火鸡、树鸽、小鹿、长耳鹿、红鹿、白尾鹿、豪猪，等等，不胜枚举。但是，没有一个像造瘿黄蜂那样，与栎树关系如此密切。

"橡树"，古希腊哲学家泰奥弗拉斯托斯（Theophrastus）于大约公元前300年左右，在其《植物调查》（*Enquiry into Plants*）中写到，"除了果实以外，比任何其他树木都结出更多的东西。"他注意到12种不同的瘿球：一个猩红色的浆果，另一个"黑色的树脂球"；一个像阴茎；另一个像公牛的头；一个很软，木质，球形，它似乎可以用来引火；另一个春季渗出甜液的有毛的球。他记录了有斑点的和中空的瘿球，纽扣球和角状球，红、黄、黑和透明的球。不仅如此，他还说，橡树从树根长出许多真菌。他还援引公元前8世纪希腊诗人赫西奥德（Hesiod），声称蜂蜜和蜜蜂都是橡树产生的，尽管是作为一个比诗人更好的观察者，泰奥弗拉斯托斯注意到，赫西奥德可能把在像树叶子上经常发现的甜蜜液滴，误认为是原始的蜂蜜，现在，我们知道那是蚜虫的滴液。

泰奥弗拉斯托斯是人类中出现的最好的观察者。作为亚里士多德最喜欢的学生，他继任了逍遥派学校（*Peripatetic School*）校长。他详细记叙述了瘿球的用途。一个是用作单宁，另一个是黑色染料，还有一个是红色染料。泰奥弗拉斯托斯确切地观察到，有时候从瘿球中可能产生小的飞蝇，他有幸看到它们，因为它们只有 1/8 英寸长，常常是很短时间，但是他并未下结论，实际上，这些访问者，最有可能是瘿球的建筑师。

会是谁呢？很显然，昆虫与其幼虫可能会吃树叶，或者钻进木材，在树皮之下或者树叶里产卵，或者吮吸汁液，但是，谁会认为一个小小黄蜂的全体家族，几乎全部 400 种，能够诱使橡树为他们的幼虫制作精美之家呢？橡树和常被称作瘿球黄蜂的瘿蜂，已经如此相伴 300 万年。

每一个瘿蜂都有两个不同的生命。怀孕的雌蜂在橡树最鲜嫩的尚未分化的组织里产卵，在小枝、芽、叶和细小的雄花与雌花，甚至在小细根里产卵。刚孵化出来的幼虫很隐秘，没人确切地知道，橡树为其提供什么东西而造成了一个特殊的家，即瘿球。这些幼虫发育成能够自育的雌性成虫，很准确地在橡树不同部位产卵。这个世代的幼虫为自己制造特殊的球。简短地说，每个瘿蜂都制造两个不同的球。

橡树并未从这些瘿球获得益处，但是，彼此也没有伤害。偶尔，具有攻击性的大量的枝条瘿球制造者，就像制造角状和痛风瘿球的黄蜂一样，在枝条上产生许多瘿球，致使树枝环状坏死。（这样的橡树会出现像高尔夫球一样的黑色瘿球。）但这种情况是例外，只出现于那些处于其他原因的压力之下的橡树上。基本上，橡树的行为动作就像砖和砂浆，根据幼虫的意图做出反应。

瘿球是极为奇特的，很多层次，活像迷宫。其存在绝不是简单地喂养成长的幼虫，而且还防御天气，尤其是防御大量的可能吃掉幼虫的，或者赶出幼虫，将其家变成他们自己的窝的寄生者。每一种瘿球黄蜂都有多达 20 几种节肢动物和无数种真菌，伺机吞食其幼虫，或者入住空出来的地方。

瘿球是个城堡。通常，其内层是圆形的，滴落丰富的食物，幼虫游牧其上，用口器咀嚼。里面可能包藏一只或多只幼虫，取决于具体的种类。这个球形为硬壳包裹，抵御寄生雌虫的尖锐口器和产卵管。在这层的外面是海绵层，富含单宁和其他酸类物质，其浓度超过橡树其他正常组织的 10 倍以上。

此外，幼虫与其他捕食者之间的竞争是激烈的。有些入侵者可以消化单宁，在单宁层产生空洞，生下自己的幼虫，在此成长，与黄蜂幼虫共享角落。对于这种情形，瘿球并不觉得意外。他们已经做了 300 百万年的准备，在其畸形穹顶最外一层做出精心防御。一个解决办法就是做一个令人迷惑的形状：粉红色或紫色的球，黄蜂看起来就像海胆，幼虫的腔室是在许多尖点儿的基部。另一个带有蜜蜡的枝球，是幼虫住房迷宫，只有少数几间里面藏着宝贝。

第二个解决方案，是耗尽敌人的火力。小黄蜂对付瘿球的武器是产卵器：是一个尖锐的长矛，它与储存在最外面的虫卵的末端相连。瘿球会做出反应，成熟的球比产卵器厚一点点儿，这样，受阻的小峰与卵一起留在柔软的幼虫腔室。经检查，球内有许多破损的产卵器。在瘿球还很年幼的时候，缺少保护组织，捕食者一有机会就会进攻。

第三个手段是，瘿球在表面覆盖一层让攻击者感到乏味的东西。有些瘿球很黏，就像扑蝇纸一样，对那些想要停留其上的准母亲产生威胁。还有些多毛和刚刺，很难落在上面。

不过，最新的和有效的主意也许是租用防护。蚂蚁将会群情激奋地攻击那些威胁它们的群体。众所周知，蚂蚁养殖蚜虫、翅蛾和其他无脊椎动物，为的是从这些生物吸取他们从植物的汁液得来的甘甜蜜滴。一些瘿球自身已经发育出一种合成手段，分泌类似的蜜滴，因此蚂蚁在瘿球上聚集，取食蜜滴，英勇激烈地保卫瘿球。

那么，典型的橡树就像一个市镇星罗棋布的国家。每个城镇都有其自己的天气、街道、围墙、来犯者和寿命。黄蜂一出来，留下一个洞，真菌立刻进入，消化球壁。我收藏一个老瘿球，球壁上有大洞，分叉的隧道，红点和奇形怪状的小丑帽子，而且每一个都让我想起毁损的废墟。放在手中摩挲翻转，宛如访问一座废弃的村庄。

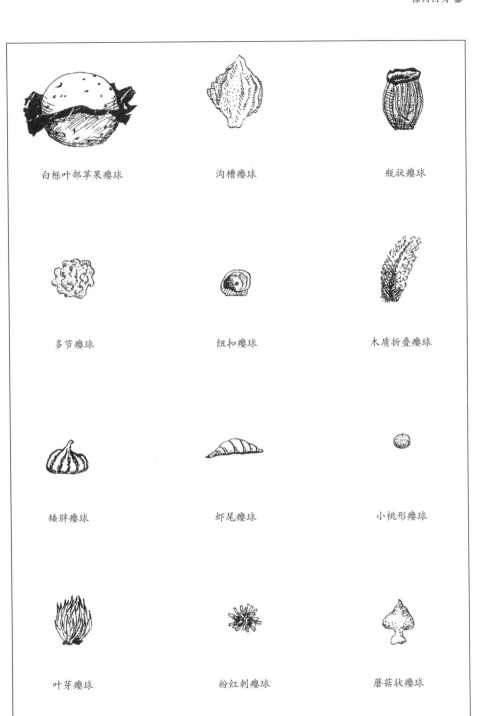

白栎叶部苹果瘿球　　　　沟槽瘿球　　　　瓶状瘿球

多节瘿球　　　　纽扣瘿球　　　　木质折叠瘿球

矮胖瘿球　　　　虾尾瘿球　　　　小桃形瘿球

叶芽瘿球　　　　粉红刺瘿球　　　　蘑菇状瘿球

橡树的几种瘿球〔娜拉（Nora H. Logan）绘制〕

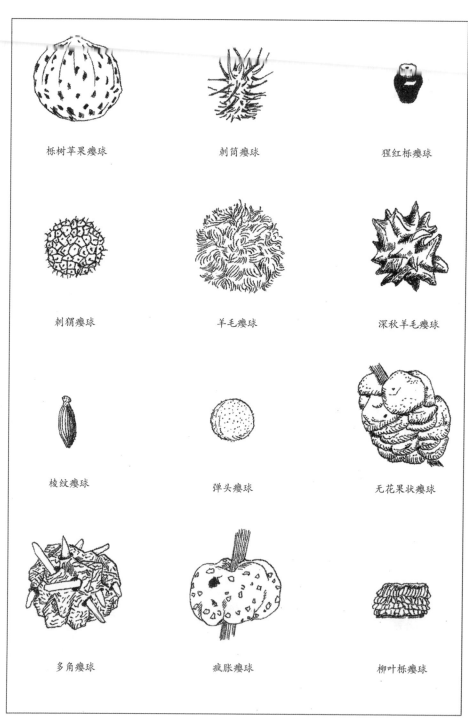

栎树苹果瘿球　　　　刺筒瘿球　　　　猩红栎瘿球

刺猬瘿球　　　　羊毛瘿球　　　　深秋羊毛瘿球

棱纹瘿球　　　　弹头瘿球　　　　无花果状瘿球

多角瘿球　　　　疯胀瘿球　　　　柳叶栎瘿球

橡树的几种瘿球〔娜拉（Nora H. Logan）绘制〕

埃菲尔铁塔和橡树

EIFFEL AND OAK

埃菲尔铁塔，是为 1889 年巴黎博览会建造的。很精确，300 米高，几乎是另外一个最大的独块巨石纪念碑，即华盛顿纪念碑的高度的 2 倍。它用了 250 万个铆钉，将 18,038 片熟铁块固定在一起，重达 7,000 多吨。尽管如此，也仅仅用了两年多一点的时间，就建起来了。项目总经理乔治·伯格（George Burger）宣称这项成就的意义："我们将让人们从黑暗时代以来一直在攀登的陡峻的巅峰上看到壮丽景色。因为进步的规律是不可阻挡的，恰如进步本身是无限的。"

埃菲尔铁塔，是工业现代化的开创纪念碑。无论过去和现在，其目的都不在于令世人震惊。埃菲尔铁塔的官网介绍说："全世界都可以辨识出来。"简言之，它是一个巨大的商标。

一开始，并不是每一个人都对这一新的风景很感兴趣。在铁塔完成一半之前，包括保尔·魏尔伦（Paul Verlaine）、休斯曼（G. K. Huysmans）和莫泊桑（Guy de Maupassant）在内的一群巴黎艺术家写了一封抗议信，发表在巴黎主要日报《时代报》（*Le temps*）的第一版。这群艺术家将铁塔与各种骨架、工厂烟囱、体操运动器械和巨大的支撑物进行比较。

亚历山大·居斯塔夫·埃菲尔（Alexandre-Gustave Eiffel）在时代报上做出回应，应该承认塔的结构是美丽的，因为它符合"隐匿的和谐规则"。他补充道，"不仅如此，很难应用一般艺术理论欣赏和评论其巨大而奇特的魅力。"它更好，就因为它更大。

法国人善于辱骂。其中一个反对埃菲尔铁塔的，喊叫声音最大的，是一个名叫利昂·布洛伊（leon Bloy）的言辞激烈的作家。他很动情地嘲讽，埃菲尔的塔，看上去简直就是一个"特别悲惨的路灯"。

埃菲尔铁塔的官方网站，全部用好的新闻媒体报道替换了这场"论战"。（任何新闻，无论好的坏的，对于生意都是好的。）它采取可以接受的方式解决了进退维谷的问题：在巴黎博览会期间，有200万人参观了铁塔，后来，又有180多万人观光。这些人说，这个塔是美丽的，因为来了如此之多的观光客。

如果你回忆起自己观光此塔和其他宏伟建筑的时候，诸如西雅图太空针、帝国大厦或者令人悲痛的世贸中心，你可能会承认在参观中有一种恭顺感。你总是等待电梯，挤进电梯，然后在最顶层涌出电梯。过了一阵眩晕性休克之后，你开始四处张望，很仔细地继续察看。你努力地辨识出远处变得矮小的纪念碑。于是产生一种令心脏颤抖的空虚，我毫不怀疑，这种空虚感，就像19世纪进入大教堂的男人和女人所经历过的一样大，如同每一个人都一定会有的一样。

假设他们相信上帝，假设我们相信进化。但是，在这些纪念碑上，我们所达到的顶峰似乎有些枯燥无聊。也许，上帝并不像他们的神父所教他们的那样，也许，进化也不像我们的教父所教我们的那样。刘易斯（C. S. Lewis）写道，当你走错路的时候，最快捷的办法就是回到你转错方向的地方，找对方向再向前走。

将橡树的结构与埃菲尔铁塔进行比较，两者之间存在明显的类比。汤普森（D'Arcy Thompson）在《论生长和形状》（*On Growth and Form*）中已经注意到这一点。橡树和塔，基本上都是底部开张的长圆锥体。埃菲尔以他的塔的基部张开感到骄傲。他说，他的数学计算指明了必要的基部尺寸规格，足以使塔稳固地立于风中。

橡树在基部也显著张开，比其他树木都更加明显。如果你走在稠密的森林中，头顶被枝叶遮盖，实际上，你可以通过观察扩张的树干基部，来识别出哪些是橡树。尽管橡树比埃菲尔铁塔矮小，但是道理相同，只是由较轻的材料构成，是实心的，而塔是骨架构成的，并且橡树的树冠是挡风的。

但是，为什么橡树会有如此明显扩展的树干基部，而其他高大的树木却没有呢？有些速生的树木，诸如杨树和臭椿，木材不如橡树结实牢固。速生树种把更多的能量投入快速生长，而不是坚实的结构。因此，当强风或暴风雪来临的时候，这些速生树种的反应是脱落枝条，甚至失去树冠。橡树很少发生此种情况。橡树的失败，常见于基部，常常见于在地面死亡。树根一旦折断，树梢立刻就没了。基部扩展是增添木材，增强树根的强度，以便减少失败的概率。

埃菲尔铁塔与橡树之间的第二个可以类比之处，是他们的内部构造。尽管埃菲尔已经注意到膨大的橡树基部，但是，他不可能知道，塔的骨架构造有多少是对橡树组织结构的拙劣模仿。有两样东西，从底向上一直保持着实体的石头结构，即华盛顿纪念碑和哥特式大教堂，承受自重和抗风。埃菲尔使用了铁架结构，材料比石头坚固，但没有石头重，因此他能够建成一个高得多的物体，而又没有不可承受的压力。竖起的构件借助斜拉构件得以加固，借助交叉构件使之更加稳定。所有部件用铆钉联在一起，比一个铁的圆锥体有更多的开放空间。风可以自由穿过空间结构，连接的框架甚至可以轻微地调整，让风通过。"埃菲尔是最早的人之一，"莫里斯·贝塞特（Maurice Besset）写道，"创造一种能在空间保持中立和稳定的形式，并且是活的和能移动的。"确乎如此，假如你无视 6,500 万年的橡树历史。

很显然，埃菲尔铁塔恰恰与橡树相反，橡树相当坚实，具有长满叶子的枝条。风很难自由穿过，橡树倾力挡风，树冠在暴风中剧烈摇动。橡树之所以能够如此，原因在于内部结构，这使埃菲尔铁塔看起来，先天发育不良。让橡树站立的新鲜的竖直纤维，是交织在一起的活细胞射线，增强从树皮向髓心的力量，固定框架，使竖直的纤维不会离散。而且，由树木生长造成的向外的生长应力，即靠近树干表面的活组织层的胀大，把纤维向一起推紧，形成难以折断的纤维束。第三，纤维互相交织，但又彼此分离，因此可以弯曲滑动，不会剪断或者破坏维持生命所必需的衔接。根本不需要铆钉。

克劳斯·马赛克（Klaus Mattheck）在对树木组织的连续研究中，对木材构造做了精彩阐释。他说，树木具有三种构造成分：砖块、绳索和工字梁。"砖块"就是木质素，坚固的碳水化合物，形成树木纤维的细胞框架。承受树木重量所产生的压力和树木遭受风雪弯曲所产生的纤维压缩。"绳索"是纤维素，每个纤维细胞的核心，可以弯曲，但是很难折断。他写道，当树木遭受弯曲的时候，这些抵抗应力必然压缩一些细胞，同时又使其他细胞伸张。"工字梁"是射线细胞，是从树皮向中心延伸的活组织束，防止纤维遭受剪切断开，特别是树干遭受大风扭曲的时候。的确，由于这种内部构造，树木才可以是实体的，而不是骨架式的。如果你给埃菲尔铁塔披上一层皮或者装上一些分枝，大风一吹，它就会倒下。

　　铁比木材坚硬。这也许是埃菲尔铁塔结构的唯一优点。不过，这一优点为木材特性所抵消，木材尽管比较软，却是动态的，而铁是静止不动的。埃菲尔铁塔是一个巨大的骨架式的铁的圆锥体。成熟的橡树是许多圆锥体，一个插入另一个顶端的鞘中，为年复一年的年度生长所覆盖。可以愉悦地设想，不仅是树干，还有树根和树枝，可以把它们都想象成为数百个圆锥体。圆锥体的最外层是活细胞，其内层填充着各种栓塞、单宁和化合物，使得结构进一步变硬。新的一套圆锥体逐年添加，生长压力有助于树干形成整体，同时内部的木材逐渐变硬，抵御不利的环境和生物因素。

　　橡树是有生产力的，而埃菲尔铁塔是寄生的。为了更新外层保护，橡树木栓形成层逐年增添光滑的皮肤，保护树木，免遭损坏。实际上，正是由于受到树干向外生长的挤压，形成层的老层剥落，形成粗糙的质地和我们触觉到的树皮类型。与此对照的是，埃菲尔铁塔需要外界帮助，每 7 年一次，才能免遭锈蚀。为了保护铁不受风化侵蚀，需要 50 吨油漆，花一整年的时间涂漆。

　　在用于自身维护所消耗的能量交换中，这两种结构提供什么？橡树为空气输送氧气。5,000 多种不同生物，生活在橡树表面或其内部。即便是今天，人们还用橡树做家具、包装板、枕木、地板、装饰墙板、木材框架、筐篮、粥饭、烧材和木炭。夏天，一株大橡树浓荫蔽日，气温降低 10℃，凉爽舒适。

　　那么，埃菲尔铁塔给予什么呢？洋洋大观。去看塔，或者从塔上眺望。在炎热的夏日，等于是站在没有一株树的广场上，忍受着太阳的煎烤。

　　假如必须效仿一个，这个或那个，你选择哪一个，橡树还是埃菲尔铁塔？

参考文献

BIBLIOGRAPHY

（**黑体**条目是重要资料来源）

通用文献（GENERAL WORKS）

Bechmann R. *Trees and Man：The Forest in the Middle Ages* [M]. New York：Paragon House，1990.

Coutance A. *Histoire de chêne dans l'antiquite & dans la nature* [M]. Paris：J. B. Bailiere et fils，1873.

Edlin H L. *Trees，Woods and Man* [M]. London：Collins，1956.

Frazer J G. *The Golden Bough* [M]. London：Oxford University Press，1994.

Graves R. *The White Goddess* [M]. New York：Farrar，Straus and Giroux，1948.

Heinrich B. *The Trees in My Forest* [M]. New York：HarperCollins，1997.

Jackson J P. *The Biography of a Tree* [M]. Middle Village，N. Y. ：Jonathan David，1979.

Keator G. *The Life of an Oak：An Intimate Portrait* [M]. Berkeley，Calif. ： Heyday Books，1998.

Loudon J C. *Arboretum et Fruticetum Britannicum，or，The Trees and Shrubs of Britain* [M]. London：Longman，Orme，Brown，Green，and Longmans，1838，Vol. III，pp. 1717-1931.

Meiggs R. *Trees and Timber in the Ancient Mediterranean World* [M]. Oxford：Oxford University Press，1982.

Morris M G，Perring F H. *The British Oak：Its History and Natural History* [M]. Berkshire，UK：The Botanical Society of the British Isles，1974.

Mosley C. *The Oak：Its Natural History，Antiquity and Folklore* [M]. London：Elliot Stock，1910.

Peterken G F. *Natural Woodland：Ecology and Conservation in Northern Temperate Regions* [M]. Cambridge：Cambridge University Press，1996.

Rackham O. *Ancient Woodland：Its History，Vegetation and Uses in England* [M]. London：Edward Arnold，1980.

———. *Trees and Woodland in the British Landscape* [M]. London: J. M. Dent, 1976

Tansley A G. *Oaks and Oak Woods* [M]. London: Methuen, 1952.

Thoreau H D. *The Journal of Henry D. Thoreau* [M]. Edited by Bradford Torrey and Francis H. Allen, 1860. 8. 1-1861. 11. 3, Vol. 14 .

Ward H M . *The Oak: A Popular Introduction to Forest-Botany* [M]. New York: D. Appleton and Company, 1892.

Williamson J. *The Oak King, the Holly King and the Unicorn* [M]. New York: Harper & Row, 1980.

橡食文化 (BALANOCULTURE)

Bainbridge D A. The Rise of Agriculture: A New Perspective [J]. *Ambio*, 1985, 14, no. 3: 148-51.

———. The Use of Acorns for Food in California: Past, Present, Future [Z]. Berkeley, Calif. : U. S. Department of Agriculture, Pacific Southwest Forest and Range Experiment Station, Gen. Tech Rep. PSW-100, 1987.

Barfield L. *Northern Italy Before Rome* [M]. London: Thames and Hudson, 1971.

Baumhoff M A. The Carrying Capacity of Hunter-Gatherers [M] // Koyama S, Thomas H D. *Affluent Foragers: Pacific Coasts East and West.* Osaka: National Museum of Ethnology, 1979.

———. *Ecological Determinants of Aboriginal California Populations* [M]. Berkeley: University of California Press, 1963.

Bean L J. *Mukat's People: The Cahuilla Indians of Southern California* [M]. Berkeley: University of California Press, 1972.

Bean L J, Katherine S S. *Temalpakh: Cahuilla Indian Knowledge and Use of Plants* [M]. Morongo Indian Reservation: Malki Museum Press, 1972.

Bohrer V L. On the Relation of Harvest Methods to Early Agriculture in the Near East [J]. *Economic Botany*, 1972, 26, no. 2 : 145-55.

Brouk B. *Plants Consumed by Man* [M]. London: Academic Press, 1975.

Chestnut V K. *Plants Used by the Indians of Mendocino County, California* [M]. Fort Bragg, Calif. : Mendocino County Historical Society, 1974, pp. 333-44.

DeBois C. *Wintu Ethnography* [M] . Berkeley, Calif. : University of California Press, 1935.

Driver H E. The Acorn in North American Indian Diet [J]. *Proceedings of the Indiana A-*

cademy of Science, 1952, 62: 56-62.

Fernald M L, Alfred C K. *Edible Wild Plants* [M] . New York: Harper & Brothers, 1943.

Flannery K V. The Ecology of Early Food Production in Mesopotamia [J]. *Science*, 1965, 147, no. 3663: 1247-56.

——. Origins and Ecological Effects of Early Domestication in Iran and the Near East [M] //Peter J. U, Dimbleby G W. *The Domestication and Exploitation of Plants and Animals*. London: Gerald Duckworth & Co. , 1969.

Gifford E W. California Balanophagy [M] // *Essays in Anthropology Presented to A. L. Kroeber in Celebration of His Sixtieth Birthday*. Freeport, N. Y. : Books for Libraries Press, 1936.

Goldschmidt W. *Nomlaki Ethnography* [M] . Berkeley: University of California Press, 1951.

Gravas R. *The White Goddess* [M]. New York: Farrar, Straus and Giroux, 1948.

Harlan J R. Self-Perception and the Origins of Agriculture [M] // Swaminathan M S, Kochhar S L. *Plants and Society*. London: Macmillan, 1989, pp. 5-32.

Harris D R, Gordon C H. *Foraging and Farming: The Evolution of Plant Exploitation* [M]. London: Unwin Hyman, 1989.

Heizer R F, Albert B E. *The Natural World of the California Indians* [M]. Berkeley: University of California Press, 1980.

——. Hesiod, in *The Homeric Hymns and Homerica* [M]. Translated by Hugh G Evelyn-White. Cambridge, Mass. : Harvard University Press, 1914.

Howes, F N. *Nuts: Their Production and Everyday Uses* [M]. London: Faber and Faber, 1948.

Jorgensen G. Acorns as a Food Source in the Later Stone Age [J]. *Acta Archaeologica*, 1977, 48: 233-38.

Kidder T R, Gayle J F. Subsistence and Social Change in the Lower Mississippi Valley: The Reno Brake and Osceola Sites, Louisiana [J]. *Journal of Field Archaeology*, 1993, 20: 281-97.

Kroeber A L. *Anthropology* [M]. New York: Harcourt Brace, 1923.

Kroeber T. *Ishi in Two Worlds* [M]. Berkeley: University of California Press, 1961.

Lowenfeld C. *Britain's Wild Larder: Nuts* [M]. London: Faber and Faber, 1965.

Margolin M, ed. *The Way We Lived: California Indian Stories, Songs & Reminiscences* [M]. Berkeley, Calif. : Heyday Books, 1981.

Mason S R. Acorns in Human Subsistence [D]. University College, London, 1992.

Meltzer D L, Bruce D S. Paleoindian and Early Archaic Subsistence Strategies in Eastern North America [M] // Neusius S W. *Foraging, Collecting and Harvesting: Archaic Period Subsistence and Settlement in the Eastern Woodlands.* Carbondale, Ill. : Southern Illinois University Press, 1986.

Merriam C H. The Acorn, a Possibly Neglected Source of Food [J]. *National Geographic*, 1918, 34, no. 2: 129-37.

Muir J. *My First Summer in the Sierra* [M]. Boston: Houghton Mifflin, 1979.

——. *The New American Bible* [M]. Nashville: Thomas Nelson Publishers, 1987.

Ocean S. *Acorns and Eat' Em: A How-To Vegetarian Cookbook* [M]. Potter Valley, Calif. : Old Oak Printing, 1993.

Opler M E. *An Apache Life-Way* [M]. Chicago: University of Chicago Press, 1991.

Ortiz B R. *It Will Live Forever: Traditional Yosemite Indian Acorn Preparation* [M]. Berkeley, Calif. : Heyday Books, 1991.

Ovid. *Fasti* [M]. Translated by Sir James G. Frazer. Cambridge, Mass. : Harvard University Press, 1931.

Pausanias. *Description of Greece* [M]. Cambridge, Mass. : Harvard University Press, 1977.

Pliny. *Natural History, Volume IV* [M]. Translated by H. Rackham. Cambridge, Mass. : Harvard University Press, 1986.

Rosenberg M. The Mother of Invention: Evolutionary Theory, Territoriality, and the Origins of Agriculture [J]. *American Anthropologist*, 1990, 92: 399-415.

Solecki R L. Milling Tools and the Epi-paleolithic in the Near East [J]. *Etudes sur le Quaternaire dans le Monde*, 1969, 2: 989-94.

Smith J R. *Tree Crops: A Permanent Agriculture* [M]. New York: Devin-Adair, 1950.

——. White Oak Acorns as Food [J]. *Missouri Botanical Garden Bulletin*, 1924, 12, no. 2: 32-33.

Yarnell R A. Aboriginal Relationships between Culture and Plant Life in the Upper Great Lakes Region [D]. Anthropological Papers, Museum of Anthropology, University of Michigan, 1964, no. 23.

橡树时代 (THE AGE OF OAK)

Anonymous. Advice to a Norwegian Merchant [M] // James B R, Mary M McL. *The Portable Medieval Reader.* New York: Viking, 1977.

Benson T. *The Timber-Frame Home*: *Design*, *Construction*, *Finishing* [M]. Newtown, Conn. : The Taunton Press, 1988.

Blair J, Nigel R. *English Medieval Industries* [M]. London: The Hambledon Press, 1991.

Bradley R. *An Archaeology of Natural Places* [M]. London: Routledge, 2000.

——. *The Passage of Arms* [M]. Oxford: Oxbow Books, 1998.

Brogger A W, Haakon S. *The Viking Ships* [M]. London: C. Hurst & Co. , 1971.

Bronsted J. *The Vikings* [M]. New York: Penguin, 1955.

Brough J C S. *Timbers for Woodwork* [M]. New York: Drake, 1969.

Bruce-Mitford R. *The Sutton Hoo Ship-Burial* [M]. London: British Museum Publications, 1975-1983.

Carver M O H, ed. *The Age of Sutton Hoo*: *The Seventh Century in North-Western Europe* [M]. Woodbridge, UK: Boydell Press, 1992.

Champion M. *Seahenge*: *A Contemporary Chronicle* [M]. Norfolk, UK: Barnwell's Timescape Publishing, 2000.

Champion T, et al. *Prehistoric Europe* [M]. London: Academic Press, 1984.

Chinney V. *Oak Furniture*: *The British Tradition* [M]. Woodbridge, UK: Baron, 1979.

Christensen A E. Author interview [Z].

Coles B, John C. *Sweet Track to Glastonbury*: *The Somerset Levels in Prehistory* [M]. London: Thames and Hudson, 1986.

Coles J M, et al. The Use and Character of Wood in Prehistoric Britain and Ireland [J]. *Proceedings of the Prehistoric Society*, 1978, 44: 1-45.

Courtenay L T. The Westminster Hall Roof and Its 14th-Century Sources [J]. *Journal of the Society of Architectural Historians*, 1984, 43: 295-309.

Courtenay L T, Mark R. The Westminster Hall Roof: A Historiographic and Structural Study [J]. *Journal of the Society of Architectural Historians*, 1987, 46: 374-93.

Crumlin-Pedersen O. Author interview [Z].

Crumlin-Pedersen O, Birgitte M T, eds. *The Ship as Symbol in Prehistoric and Medieval Scandinavia* [M]. Copenhagen: National Museum, 1995.

De Oliveira, Manuel A, Leonel De O. *The Cork* [M]. Lancaster, Penn. : Cork Institute of America, 1995.

——. *The Epic of Gilgamesh* [M] // James J P. *The Ancient Near East*. Princeton: Princeton University Press, 1975.

Edlin H L. *Woodland Crafts in Britain* [M]. London: Batsford, 1949.

Eliade M. *The Forge and the Crucible* [M]. Chicago: University of Chicago Press, 1978.

Fazio J R. *The Woodland Steward* [M]. Moscow, Idaho: The Woodland Press, 1985.

Fenwick V, ed. *The Graveny Boat: A Tenth-Century Find from Kent* [M]. Greenwich: National Maritime Museum, 1978, Archaeological Series no. 3, BAR British Series 53.

Foote P, David M W. *The Viking Achievement* [M]. London: Sidgwick and Jackson, 1980.

Gilman A. The Development of Social Stratification in Bronze Age Europe [J]. *Current Anthropology*, 1981, 22, no. 1: 1-23.

Goriup P, ed. *The New Forest Woodlands* [M]. Oxford: The Forestry Commission, 1991.

Greenhill B. *The Archaeology of Boats and Ships* [M]. Annapolis, Md.: The Naval Institute Press, 1995.

Gustafson K H. *The Chemistry of the Tanning Processes* [M]. New York: Academic Press, 1956.

Hansen H J, ed. *Architecture in Wood* [M]. New York: Viking Press, 1971.

Harding A F. *European Societies in the Bronze Age* [M]. Cambridge: Cambridge University Press, 2000.

Harris R. *Discovering Timber-Framed Buildings* [M]. Risborough, UK: Shire, 1999.

Harvey J. *The Medieval Architect* [M]. New York: St. Martin's Press, 1972.

——. *Medieval Craftsmen* [M]. New York: Drake, 1975.

Haywood J. *The Historical Atlas of the Vikings* [M]. New York: Penguin, 1995.

Hewett C A. *English Historic Carpentry* [M]. London: Phillimore, 1980.

Homer. *Iliad* [M]. Translated by Alexander Pope. Glasgow: R. Urie, 1754.

Huang Y S, et al. Westminster Hall's Hammer-Beam Roof: A Technological Reconstruction [J]. *Association for Preservation Technology Bulletin*, 1988, 20, no. 1: 8-16.

Kilby K. *The Cooper and His Trade* [M]. Fresno, Calif.: Linden, 1971.

Latham B. *Timber: A Historical Survey of Its Development and Distribution* [M]. London: Harrap, 1957.

Lethwaite J G. Acorns for the Ancestors: The Prehistoric Exploitation of Woodland in the Western Mediterranean [C] // *Archaeological Aspects of Woodland*

Ecology. Oxford: BAR International Series, 1982, 146: 217-30.

Linnard W. Bark-Stripping in Wales [J]. *Folk Life*, 1978, 16: 54-60.

Lubke H. Submarine Stone Age Settlements as Indicators of Sea-Level Changes and the Coastal Evolution of the Wismar Bay Area [J]. *Greifswalder Geographische Arbeiten*, 2002, 27: 203-10.

——. *The Mabinogion* [M]. Translated by Gwyn Jones and Thomas Jones. London: J. M. Dent, 1949.

MacDiarmid H. In Memoriam: Liam Mac' Ille Iosa [M] // *Stony Limits and Other Poems*. London: Gollancz, 1936.

McGrail S. *Ancient Boats in Northwest Europe* [M]. London: Longman, 1998.

——. *Woodworking Techniques before a. d.* 1500 [M]. Oxford: BAR International Series, 1982.

Morrison J S. *Greek and Roman Oared Warships* [M]. London: Oxbow Books, 1996.

Owen O, Magnar D. *Scar: A Viking Boat Burial on Sanday, Orkney* [M]. East Linton, Scotland: Historic Scotland, 1999.

Parsons J J. The Acorn-Hog Economy of the Oak Woodlands of Southwestern Spain [J]. *Geographical Review*, 1962, 52, no. 2: 211-35.

Pettengell G. *The Cooper's Craft* [M]. Williamsburg, Va. : The Colonial Williamsburg Foundation, 1967. Videocassette.

——. *The Poetic Edda* [M]. Translated by Henry Adams Bellows. New York: Dover, 2004.

Pollard J. Inscribing Space: Formal Deposition at the Later Neolithic Monument of Woodhenge, Wiltshire [J]. *Proceedings of the Prehistoric Society*, 1995, 61: 137-56.

——. The Sanctuary, Overton Hill, Wiltshire: A Re-examination [J]. *Proceedings of the Prehistoric Society*, 1992, 58: 213-26.

Pryor F. *English Heritage Book of Flag Fen: Prehistoric Fenland Centre* [M]. London: Batsford, 1991.

——. *The Flag Fen Basin: Archaeology and Environment of a Fenland Landscape* [M]. London: English Heritage, 2001.

Pyle H. *The Merry Adventures of Robin Hood* [M]. New York: Dover Publications, 1968.

Sawyer P, ed. *The Oxford Illustrated History of the Vikings* [M]. Oxford: Oxford University Press, 1997.

Semenov S A. *Prehistoric Technology* [M]. New York: Barnes & Noble, 1964.

Simpson J. *Everyday Life in the Viking Age* [M]. London: Batsford, 1967.

Stevenson A C, Harrison R J. Ancient Forests in Spain: A Model for Land-Use and Dry Forest Management in South-West Spain from 4000 B. C. to 1900 A. D [J]. *Proceedings of the Prehistoric Society*, 1992, 56: 227-47.

Sturt G. *The Wheelwright's Shop* [M]. Cambridge: Cambridge University Press, 1923.

Thompson J C. *Manuscript Inks* [M]. Portland, Ore. : The Caber Press, 1996.

Tubbs C R. *The New Forest: An Ecological History* [M]. Newton Abbot: David & Charles, 1968.

Vinsauf G de. *Poetria Nova* [M]. Translated by Margaret F. Nims. Toronto: Pontifical Institute of Medieval Studies, 1967.

Waddell G. The Design of the Westminster Hall Roof [J]. *Architectural History*, 1999, 42: 47-67.

Waterbolk H T, Zeist W V. A Bronze Age Sanctuary in the Raised Bog at Bargeroosterveld [J]. *Helinium*, 1961, 1: 5-19.

Waterer J W. *Leather and Craftsmanship* [M]. London: Faber and Faber, 1950.

——. *Leather in Life, Art and Industry* [M]. London: Faber and Faber, 1952.

Weiss H B, Grace M W. *Early Tanning and Currying in New Jersey* [M]. Trenton: New Jersey Agricultural Society, 1959.

Weisstein E W. Barrel [EB/OL]. *MathWorld*—A Wolfram Web Resource. http: // mathworld. wolfram. com/Barrel. html.

Wilson D M. , ed. *Archaeology of Anglo-Saxon England* [M]. Cambridge: Cambridge University Press, 1981.

橡树时代的终结 (END OF THE AGE)

Albion R G. *Forests and Sea Power* [M]. Annapolis, Md. : Naval Institute Press, 1926.

Bamford P W. *Forests and French Sea Power*, 1660-1789 [M]. Toronto: University of Toronto Press, 1956.

Boudriot J. *The Seventy Four Gun Ship* [M]. Annapolis, Md. : Naval Institute Press, 1986.

Charnock J. *An History of Marine Architecture* [M]. London: R. Faulder, 1800-1802.

Dudley W S, ed. *The Naval War of 1812: A Documentary History* [M]. Washington: Naval Historical Center, 1985.

Glete J. *Navies and Nations: Warships, Navies and State Building in Europe and A-merica*, 1500-1860 〔M〕. Stockholm: Almquist & Wiksell International, 1993.

Gruppe H E. *The Frigates* 〔M〕. Alexandria, Va.: Time-Life Books, 1979.

Holland A J. *Ships of British Oak* 〔M〕. Newton Abbot: David & Charles, 1971.

Jane F T. *The British Battle Fleet* 〔M〕. London: S. W. Partridge & Co., 1912.

Lavery B. *The Ship of the Line* 〔M〕. London: Conway Maritime Press, 2003.

Martin T G. *Creating a Legend* 〔M〕. Chapel Hill, N. C.: Tryon, 1997.

——. **A Most Fortunate Ship: A Narrative History of "Old Ironsides"** 〔**M**〕. **Chester, Conn.: The Globe Pequot Press, 1980**.

Norie J W. *The Shipwright's Vade Mecum* 〔M〕. London: P. Steele, 1805.

Pepys S. *King Charles Preserved* 〔M〕. London: Miniature Books, The Rodale Press, 1956.

——. *Memoires Relating to the State of the Royal Navy of England for Ten Years, Determined December* 1688 〔M〕. London: Ben Griffin, 1690.

Robins F W. *The Smith: The Traditions and Lore of an Ancient Craft* 〔M〕. London: Rider, 1953.

Smyth A W H. *Sailor's Word-Book* 〔M〕. London: Conway Maritime Press, 1991.

Tracy N. *Nelson's Battles: The Art of Victory in the Age of Sail* 〔M〕. London: Chatham Publishing, 1996.

Turner J M W. *The Harbours of England* 〔M〕. London: E. Gambart and Co., 1856.

Wood V S. *Live Oaking: Southern Timber for Tall Ships* 〔M〕. Boston: Northeastern University Press, 1981.

橡树自身 (OAK ITSELF)

Abrahamson W G, et al. Gall-Inducing Insects Provide Insights into Plant Systematic Relationships 〔J〕. *American Journal of Botany*, 1998, 85, no. 8: 1159-65.

Arber A. *The Natural Philosophy of Plant Form* 〔M〕. Cambridge: Cambridge University Press, 1950.

Anderson E. Hybridization of the Habitat 〔**J**〕. ***Evolution***, **1948, 2, no. 1: 1-9.**

Axelrod D I. Biogeography of Oaks in the Arcto-Tertiary Province 〔J〕. *Annals of the Missouri Botanical Garden*, 1983, 70: 629-57.

——. A Theory of Angiosperm Evolution 〔J〕. *Evolution*, March 1952, 6: 29-60.

Baillie M G L. *A Slice Through Time: Dendrochronology and Precision Dating* [M]. London: Batsford, 1995.

Barnett R J. The Effect of Burial by Squirrels on Germination and Survival of Oak and Hickory Nuts [J]. *American Midland Naturalist*, 1977, 98, no. 2: 319-30.

Bossema I. Jays and Oaks: An Eco-ethological Study of Symbiosis [J]. *Behaviour*, 1979, 70: 1-117.

Burger W C. The Species Concept in *Quercus* [J]. *Taxon*, 1975, 24, no. 1: 45-50.

Collins W. *The Woman in White* [M]. Reprint. New York: Bantam, 1985.

Cornell H V. The Secondary Chemistry and Complex Morphology of Galls Formed by the Cynipinae (Hymenoptera): Why and How [J]. *American Midland Naturalist*, 1983, 110, no. 2: 225-33.

Cranwell L M. Nothofagus: Living and Fossil [M] // Gressit J L. *Pacific Basin Biogeography: A Symposium*, 1961. Honolulu: Bishop Museum Press, 1963.

Crepet W L, Kevin C N. Earliest Megafossil Evidence of Fagaceae: Phylogenetic and Biogeographic Implications [J]. *American Journal of Botany*, 1989, 76, no. 6: 842-55.

——. Extinct Transitional Fagaceae from the Oligocene and Their Phylogenetic Implications [J]. *American Journal of Botany*, 1989, 76, no. 10: 1493-1505.

Csoka G, et al. , eds. *The Biology of Gall-Producing Arthropods* [R]. USDA General Technical Report NC-199, 1997.

Darwin C. Letter to J. D. Hooker [M] // Darwin F, Seward A C. *More Letters of Charles Darwin*. London: J. Murray, 1903, 7: 20.

Delcourt P A, Hazel R D. *Long-Term Forest Dynamics of the Temperate Zone* [M]. London: Springer-Verlag, 1987.

Eiffel G. In *Le Temps* [Z] . Feb. 14, 1887.

Eiffel T. Official Web site [EB/OL]. http: //www. tour-eiffel. fr.

Flegg J. *Oakwatch: A Seasonal Guide to the Natural History in and around the Oak Tree* [M]. London: Pelham Books, 1985.

Hernandez V M, et al. Ecology of Oak Woodlands in the Sierra Madre Occidental of Mexico [J]. *Journal of the International Oak Society*, 1994, 4: 7-15.

Howard D J, et al. How Discrete Are Oak Species? Insights from a Hybrid Zone between *Quercus grisea* and *Quercus gambelli* [J]. *Evolution*, 1997, 5, no. 3:

747-55.

Hutchins R E. *Galls and Gall Insects* [M]. New York: Dodd, Mead & Co., 1969.

Irgens-Moller H. Forest Tree Genetics Research: *Quercus* L. [J]. *Economic Botany*, 1955, 9, no. 1: 53-71.

Jensen R J. Identifying Oaks: The Hybrid Problem [J]. *Journal of the International Oak Society*, 1995, 6: 47-54.

Johnson W C. The Role of Blue Jays (*Cyanocitta cristata* L.) in the Postglacial Dispersal of Fagaceous Trees in Eastern North America [J]. *Journal of Biogeography*, 1989, 16, no. 6: 561-71.

Kuntz J E, Riker A J. Root Grafting in the Translocation of Nutrients and Pathogenic Microorganisms among Forest Trees [M] // Singleton W R. *Nuclear Radiation in Food and Agriculture*. New York: D. Van Nostrand, 1956.

Kvacek Z, Walther H. Paleobotanical Studies in *Fagaceae* of the European Tertiary [J]. *Plant Systematics and Evolution*, 1989, 182: 213-29.

Lewington R, David S. *The Natural History of the Oak Tree* [M]. London: Dorling Kindersley, 1993.

Lewis C S. *Mere Christianity* [M]. New York: HarperCollins, 1952.

Mattheck C. *Design in Nature: Learning from Trees* [M]. New York: Springer Verlag, 1998.

——. *Stupsi Explains the Tree* [M]. Karlsruhe, Germany: Karlsruhe Research Centre, 1999.

Mattheck C, Breloer H. *The Body Language of Trees* [M]. London: TSO, 1994.

Mattheck C, Hans K. *Wood: The Internal Optimization of Trees* [M]. New York: Springer Verlag, 1996.

Melville R. The Biogeography of *Nothofagus* and *Trigonobalanus* and the Origin of the Fagaceae [J]. *Botanical Journal of the Linnean Society of London*, 1982, 85: 75-88.

Miller H, Samuel L. *The Oaks of North America* [M]. Happy Camp, Calif.: Naturegraph, 1985.

Morgan R A. *Tree-Ring Studies of Wood Used in Neolithic and Bronze Age Trackways from the Somerset Levels* [M]. Oxford: B. A. R., 1988.

Negi S S, Naithani H B. *Oaks of India, Nepal and Bhutan* [M]. Dehra Dun, India: International Book Distributors, 1995.

Nixon K C. A Biosystematic Study of *Quercus* Series *Virentes* (The Live Oaks), with

Phylogenetic Analyses of Fagales, Fagaceae and Quercus [D]. Dissertation, University of Texas at Austin, 1984.

——. **Phylogeny and Systematics of the Oaks** [J]. *New York's Food & Life Science Quarterly*, **1989**, **19**, **no. 1**: **7-10.**

Nixon K C, William L C. Trigonobalanus (Fagaceae): Taxonomic Status and Phylogenetic Relationships [J]. *American Journal of Botany*, 1989, 76, no. 6: 824-41.

Pavlik B M, et al. *Oaks of California* [M]. Los Olivos, Calif. : Cachuma Press, 1995.

Perry T O. The Ecology of Tree Roots and the Practical Significance Thereof [J]. *Journal of Arboriculture*, 1982, 8, no. 8: 197-211.

Ramamoorthy T P, et al. *Biological Diversity of Mexico: Origins and Distribution* [M]. New York: Oxford University Press, 1993.

Raven P H, Axelrod D I. Angiosperm Biogeography and Past Continental Movements [J]. *Annals of the Missouri Botanical Garden*, 1974, 61, no. 3: 540-673.

Rieseberg L H. The Role of Hybridization in Evolution: Old Wine in New Skins [J]. *American Journal of Botany*, 1995, 82, no. 7: 944-53.

Smith C C. Food Preferences of Squirrels [J]. *Ecology*, 1972, 53, no. 1: 82-91.

Theophrastus. *Enquiry into Plants.* Vol. 3 [M]. Edited by A. F. Hort. Cambridge, Mass. : Harvard University Press, 1916.

Thompson D'Arcy. *On Growth and Form* [M]. Cambridge: Cambridge University Press, 1961.

Tiffney B H. The Eocene North Atlantic Land Bridge: Its Importance in Tertiary and Modern Phytogeography of the Northern Hemisphere [J]. *Journal of the Arnold Arobretum*, April 1985, 66: 243-73.

Wolfe J A. A Paleobotanical Interpretation of Tertiary Climates in the Northern Hemisphere [J]. *American Scientist*, Nov. -Dec. 1978, 66: 694-703.